怎样养好蛋种鸡

宫桂芬 仇宝芹 李玉清 张尽周 常 靖 编著

中国农业大学出版社

图书在版编目（CIP）数据

怎样养好蛋种鸡/宫桂芬等编著．—北京：中国农业大学出版社，1999.3

ISBN 7-81066-051-9

Ⅰ．怎… Ⅱ．宫… Ⅲ．蛋用鸡-饲养管理 Ⅳ．S831

中国版本图书馆 CIP 数据核字（98）第 36831 号

出版发行　中国农业大学出版社

经　销　新华书店

印　刷　北京市社科印刷厂

版　次　1999 年 3 月第 1 版

印　次　2000 年 8 月第 2 次印刷

开　本　32　印张 6.25　千字 134

规　格　787×1092

印　数　5051～10050

定　价：9.00 元

内容简介

本书较为系统地介绍了蛋种鸡从鸡种、鸡种选择、特性特点、建场、饲养管理技术、营养配方、繁殖供种、人工强制换羽、常见病的防治及提高饲养种鸡的经济效益的科学技术和方法。内容来源于现场实践，简便实用，可有效地提高种鸡的产蛋量，降低成本，增加收益。本书有许多新观点和新技术，适于饲养蛋种鸡的家庭、专业户和养殖企业的工作人员阅读参考，也可以作为有关院校和培训班的教材。

序　言

我国的蛋鸡业近10年有了突飞猛进的发展,从而带动了蛋种鸡饲养场家、数量的快速增长，而且使饲养的场家由原来的城郊大型国有企业发展到乡村的集体企业、个体专业户及家庭养殖。从而造成饲养种鸡的技术、方法差异较大，缺乏规范性。以前出版的书籍多为商品代蛋鸡的饲养，而专门论述蛋种鸡的饲养技术却较少。为满足目前这种多层次多方位饲养种鸡者的需要特组织有关人员编写此书。

本书是由一直在我国著名的蛋鸡育种公司中从事育种和种鸡生产的资深专家及有多年在种鸡场现场工作经验的科技人员所编纂的。书中专门重点介绍了蛋种鸡的现场的实际的饲养管理、繁育技术和常见疾病防治方法。全书共分十一章。宫桂芬负责编纂第一章和第二章;仇宝芹负责编纂第三章、第五章至第九章以及第十一章；李玉清负责编纂第四章；张尽周和常靖负责编纂第十章。

由于编写人员的工作环境及所处的局限性和缺乏编写科普读物的经验及水平，肯定所编写的内容中会有很多不尽读者心意的地方和错误之处，请提出批评和建议，以便日后修订，使之逐步完善。

编著者

1998.7

目　录

第一章 我国现在饲养的主要蛋用鸡种

我国的养鸡业历史悠久，品种众多。改革开放以来，蛋鸡业以惊人的速度飞速发展着，现今已进入世界养鸡大国行列。70年代全国家禽存栏量只有几亿只，到1997年已发展到蛋鸡20多亿只。饲养的品种70年代以前多为我国的地方品种和我国的自育品种；70年代中后期，我国为适应工厂化养鸡鸡种的需要，在北京、上海、哈尔滨等大城市建立了原种鸡场，加强了我国自己的现代化蛋鸡良种的选育工作。“六·五”期间育成了我国著名的京白、滨白等优良蛋鸡高产配套系鸡种，开始在全国大面积推广饲养。80年代随着国家改革开放政策的进展。国门大开，在加强我国自己的良种培育和推广的同时世界的大批良种配套系也纷纷进入中国这个大的市场。到90年代，随着我国蛋鸡的高速发展，蛋种鸡配套系的数量也日益增多，配套系也不断的翻新，世界各国有名的鸡种也都进入了中国这个大市场。加之我国的已培育鸡种的增多，使中国享有了“万国鸡种之国”的称号。我国现饲养的蛋种鸡主要分三类：地方品种、自育的现代鸡种和引进的现代鸡种。由于地方品种多生产性能偏低，故现在鸡场和专业户饲养的多为自育和引进的现代鸡种。

一、地方品种

我国是世界上家禽品种资源最丰富的国家，也是世界上家禽驯化最早，鸡的起源地之一。几千年来，我国人民在驯养家禽的过程中，经过辛勤劳动和精心选择，培育出许多品质优良而又各具特色的家禽品种。80 年代初，全国上报的鸡的地方品种 72 个，被编入 1988 年出版的中国家禽品种志的 27 个，其中蛋用型品种 2 个，兼用型品种 13 个，肉用型品种 8 个，玩赏型品种 6 个。我国地方鸡种自然生态适应性广，抗逆性强，耐粗饲，寻食能力强，蛋品质优良。不少鸡种具有珍贵优良经济性状。除少数品种外，一般晚熟，抱窝性强，产蛋少。本书简要介绍一些有名的而且饲养量相对较多，性能较好的蛋用型和兼用型的地方品种。

1. 仙居鸡

仙居鸡（蛋用型）又称梅林鸡，浙江省优良的小型蛋用地方鸡种，主要产区在浙江省仙居县及邻近的临海、天台、黄岩等县，分布于省内东南部。推广至广西、广东、江苏等地。

外貌特点：全身羽毛紧密贴体、外型结构紧凑、体态匀称、头昂胸挺、尾羽高翘、骨胳纤细、反应敏捷、易受惊吓、善飞跃，适农村粗放饲养。羽毛公鸡为黄红色，母鸡多为黄色（产区尚有少数白、花、黑色鸡保留，作为保种观察之用）。皮肤白色或浅黄色。胫趾黄、青二色，选种多留黄色。少数胫部有小羽。

该鸡在一般饲养条件下 150～180 日龄开产，成年公鸡体重 1.25～1.5 公斤，母鸡在 1.25 公斤左右；测定场测定年产蛋 220 个左右，在良好的饲养管理条件下，最高达 270～300 个。蛋重 42～45 克，壳以浅褐色为主，抱性约 10%左右，好的选育群降至 5%以下。繁殖力强，因体小而灵活，配种能力较强，可按公母 1：16～20 配种。受精率可达 94%，受精蛋孵化率可达83%左右。

2. 白耳黄鸡

白耳黄鸡（蛋用型）又称白银耳鸡，上饶地区白耳鸡，江山白耳鸡，是我国稀有的白耳鸡种。主要产区在江西上饶地区广丰、上饶、玉山三县和浙江省江山县。

外貌特征：体型矮小、体重较轻、羽毛紧密，后躯宽大，全身黄色羽毛，耳叶白大，且黄喙，黄脚。产区群众称其特点为“三黄一白”。成年公鸡体呈船形。单冠直立；母鸡体呈三角形，结构紧凑，单冠直立，少数性成熟后冠倒伏。公母鸡的皮肤和胫部呈黄色，无胫羽。150日龄体重公鸡1.25公斤左右，母鸡1公斤左右，成年体重公鸡1.5公斤左右，母鸡1.2公斤左右。母鸡开产日龄平均在150天左右，年产蛋量在190枚左右，蛋重平均为54克左右，蛋壳颜色为深褐色。公母配种比例为1∶10～15，养殖场的受精率为92%，受精蛋孵化率94%。母鸡抱性在15%左右，抱窝时间短，长的20天，短的7～8天。

3. 狼山鸡

狼山鸡（蛋肉兼用型）是我国古老的优良地方品种，并在世界家禽品种中负有盛名。原产地江苏省如东县境内，以马塘、岔河为中心，其它如掘港、栟茶、丰利及双甸，南通县的石港等地也有分布，该鸡集散地为长江北岸的南通港，港口附近有一游览胜地，称为狼山，故而得名。现该鸡种经选育提高推广到黑龙江、新疆、湖南、湖北、广东、广西、云南、贵州、上海等地。

外貌特征：体格健壮、单冠、头昂尾翘、背部显凹、羽毛紧密、行动灵活。羽色有纯黑、黄、白三种，其中纯黑为最多、白最少，杂毛很少见。体型可分为轻重两种：成年轻型公鸡体重为3.0～3.5公斤，母鸡为2.0公斤左右；150日龄公鸡体重2.4公斤左右，母鸡1.6公斤左右。开产日龄200多天，年产蛋170个左右，最高个体可达280多个。目前平均蛋重58～59克。公母配种比例1∶15～20，种蛋受精率可保持90%左右，受精蛋孵化率为81%左右。抱性11.89%，平均持续抱窝期11天。

4. 大骨鸡

大骨鸡（蛋肉兼用型）又名庄河鸡。该鸡体躯大，腿高粗壮，结实有力，故名大骨鸡。主要产于辽宁省庄河县。分布于东沟、凤城、金县、新金、复县等地。推广到吉林、黑龙江、山东、河南、河北、北蒙古、新疆、陕西、广东等地饲养。

外貌特征：大骨鸡体型魁伟、胸深且广，背宽，腿高粗壮，腹部丰满，墩实有力，寻食力强。公鸡羽毛棕红色，尾羽黑色并带金属光泽。母鸡多呈麻黄色。头颈粗壮。眼大明亮。单冠，冠、耳叶、肉垂均呈红色。喙、胫、趾呈黄色。成年公鸡体重平均2.9公斤，母鸡2.3公斤；150日龄公鸡体重平均1.5公斤，母鸡1.2公斤。蛋大而红是大骨鸡的突出优点，深受产地人民的欢迎，蛋重平均为62～64克，有的达70克以上，年平均产蛋量在较好条件下饲养可达180个以上。蛋壳为深褐色，壳厚而坚实，破损率低。公母配种比例一般为1∶8～10，母鸡开产日龄较晚，平均在210天左右。种蛋受精率为90%，受精蛋孵化率80%，抱性5%～10%，抱性持续期为20～30天。

我国地方良种鸡很多，属蛋用型和兼用型品种尚有北京的北京油鸡、山东的寿光鸡、浙江的萧山鸡、江苏的鹿苑鸡、河南的固始鸡、内蒙的边鸡、彭县的彭县黄鸡、四川的峨嵋黑鸡、黑龙江的林甸鸡和甘肃宁夏的静原鸡等等。限于本书篇幅和现饲养面，不一一列述。

二、我国自己培育的现代鸡种

现代鸡种是在标准品种或地方品种的基础上，采用现代育种方法培育出的具有特定商业代号的高产鸡群，也称商用品系，蛋鸡也多习惯称为蛋鸡高产配套品系或蛋鸡高产配套系。

蛋鸡高产配套系的育成多采用的是先培育出具有商业用途的各具特点的纯系，再用二个纯系、三个纯系、四个或五个纯系逐级杂交筛选而成。现多采用的是三个系或四个系经二级杂交配套育成的配套系，按其固定的模式进行繁育配套制种。其配套制种模式如下：

首先以三个纯系杂交配套为例，其模式为：

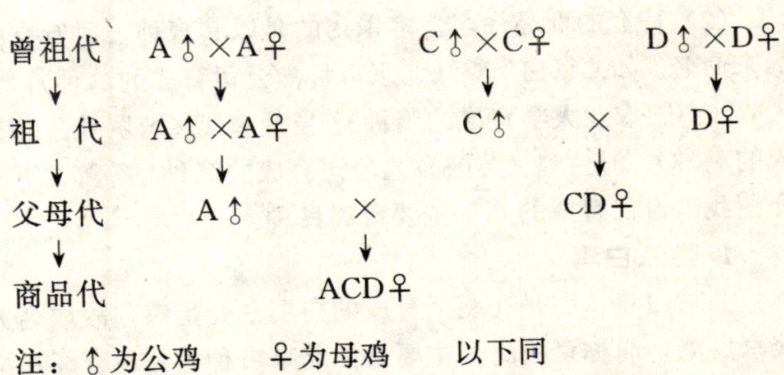

注：♂为公鸡　　♀为母鸡　　以下同

四个纯系杂交配套制种模式：

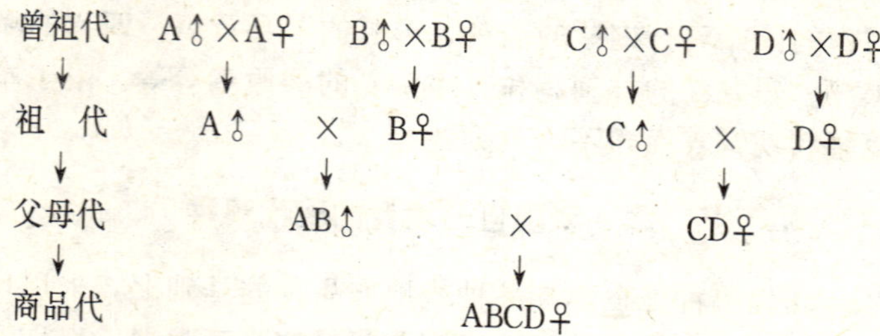

一般种鸡场特别是饲养种鸡的专业户多饲养的是父母代种鸡。即养的是 A 或 AB♂鸡配 CD 母鸡，向饲养户销售的即是产鲜鸡蛋用的商品代种蛋或雏鸡。

现代鸡种的特征：

（1）有优秀而突出的商用生产性能，蛋鸡主要是产蛋个数多、总蛋重高、耗料少，适用性强，成活率高，受精率、孵化率好。而对外貌特征不强求一致。只要其不影响生产性能的提高，出现一些外貌变异如：羽毛上出现杂色花斑，冠型上不太一致等对现代鸡种是允许的。

（2）特有的商品命名，多采用的是以其育种公司专有商标来命名。如“京白”鸡（北京市种禽公司育成的鸡种）；农大褐（中国农业大学育成的鸡种）；罗曼鸡（德国罗曼公司育成的鸡种）；海兰鸡（美国海兰公司育成的鸡种）等等。下面介绍我国自己育成的几个主要蛋鸡良种。

1. 北京白鸡

北京白鸡：因是在北京育成的白羽白壳蛋鸡，故取名为北京白鸡，简称京白鸡。主要是由北京市种禽公司育成和推广。该公司从 70 年代中期至今先后育成了京白各具特点的蛋鸡纯系27个。高产配套系鸡种18个。90年代该公司用"京白"注册了本公司育成的鸡种的商称，所以现对该公司育成的配套系的鸡种统称为："京白"系列蛋鸡高产配套系，具体配套系名称是在"京白"后面贯以代号如："京白"904，"京白"939等。

京白鸡是我国自己选育成功，育成最早、推广面最广和数量最多的鸡种。现已推广到全国29个省市自治区，20年来累计在全国推广和繁殖商品代蛋鸡约20亿只左右。

70年代中期，北京市畜牧局为落实农业部和市政府要培育我国自己的适合工厂化养殖的现代蛋鸡良种指示，建立了选育和繁育体系的大型公司——北京市种禽公司（包括有原种鸡场、祖代、父母代种鸡场、孵化厅、饲料厂等配套体系）。并同在京的大专院校及科研单位协作，开始了大规模、正规系统的现代蛋鸡育种工作。为了使选育成果尽快转化为生产力，他们采取了边选育边推广的方针，并于1978年开始逐步推广选育的成果，先后推广的主要配套系如下（以推广的先后为序）。

（1）京白Ⅲ系：是最先育成的高产纯系，白来航型。因为它的选育素材最早来源于星杂288商品代，故推广时有的饲养户也称之为288鸡种，推广时504天产蛋数253.3枚，总蛋重达13.5～14.5公斤。

（2）京白823：京白823是经国家"六·五"蛋鸡攻关育成的两元杂交配套系，是当时攻关测定中唯一全面达标的配套系，其实意为80年代在北京育成的用京白Ⅱ、Ⅲ系杂交的二元杂交高产配套系。其504天产蛋数达263.3枚，总蛋重15.3公斤，和同期测定的当时引进的加拿大著名蛋鸡种星杂

288 配套系水平相等，同期育成和推广的还有京白 893，京白 828 和三元杂交的京白 723，京白 712 配套系，但主要推广的是京白 823。

(3) 京白 904：京白 904 是该公司经国家"七·五"蛋鸡攻关育成的四元杂交配套系，实意为 90 年代在北京育成的四元杂交配套系。同时育成的还有京白 843，获国家"七·五"攻关测定第一名，并超过了同条件下测定的引进鸡种白壳的巴布考克 B-300 和红壳的星杂 579 水平。504 天产蛋数达 288.5～291.6 枚，总蛋重达 17.02～17.29 公斤。

(4)"京白"精选 904、"京白"938、"京白"939 和种禽褐。

此时的"京白"已加了引号变为专用商标号了。

这四个配套系均为北京市"八·五"蛋鸡选育攻关育成的三元、四元杂交配套系，生产性能水平比国家"七·五"攻关又上一个新的台阶，并超过了同期测定的引进的海兰 W-36 的生产水平。其性能为："京白"精选 904，72 周产蛋数 316.4 枚，总蛋重 18.4 公斤。

"京白"938：72 周产蛋数 300 枚，总蛋重 17.7 公斤。"京白"939：72 周产蛋数 303.85 枚，总蛋重 17.84～18.5 公斤。

种禽褐：72 周产蛋数 307.57 枚，总蛋重 18.92 公斤。

(5)"京白"988、"京白"989、种禽褐 8 号、种禽褐 6 号、"京白"939B 型、W 型、H 型。

以上配套系为国家"九·五"攻关初选出的三、四元杂交配套系，均为暂定名。72 周产蛋数在 300～310 枚左右，总蛋重 18～19 公斤左右，0～20 周成活率 97%～98.9%，产蛋期成活率 90%～92%左右，料蛋比 2.3∶1 左右。

外貌特征：分为6种类型。

①白羽白蛋。京白Ⅲ系、京白823、京白723、京白712、京白893、“京白”898、京白904、京白843、“京白”精选904均是白来航鸡种的外貌特征：体型小而清秀，全身羽毛白色而紧贴。冠大而鲜红，公鸡的冠较厚而直立，母鸡的冠较薄，有的配套系倒向一侧，喙、胫、趾和皮肤呈黄色，耳叶白色。均产白壳蛋，20周龄体重母鸡为1.3～1.35公斤，成年体重在1.5公斤左右。

②白羽白蛋羽速自别雌雄。“京白”938、“京白”988除具上述外貌特征外，商品代还具有羽速自别雌雄的功能。初生母雏为快羽，公雏为慢羽。

③花羽、粉蛋、羽速自别雌雄。“京白”939、“京白”989、“京白”939R型、H型与上速外貌特征不同的是体型略大一些，花羽，产浅褐壳蛋，现人们习惯称粉壳蛋。20周龄体重1.4～1.45公斤，成体重1.6公斤左右。也能以羽速自别雌雄。公雏为慢羽，母雏为快羽。

④白羽、粉蛋，羽速自别雌雄。“京白”939B型和W型：不同的是白羽、产粉壳蛋，并可以进行羽速自别雌雄。公雏为慢羽，母雏为快羽。

⑤褐羽、褐蛋，羽速、羽色双自别雌雄。种禽褐和种禽褐8号属中型蛋鸡体型，父本A、B系为红羽红蛋，其中B系为慢羽；母本C、D两系为白羽红蛋，其中D系为慢羽，父母代时可以羽速自别雌雄。父母本中的父母系，慢羽均为公雏、快羽均为母雏，AB雏全为红羽，CD雏全为白羽。商品代时通过羽色自别雌雄。白羽为公雏（有部分在背部有浅褐色绒羽带出现），红色羽为母雏（有部分在背部有深褐色绒羽

带）。商品代产褐壳蛋，20 周龄母鸡体重 1.6 公斤左右，成年体重 1.7 公斤左右。

⑥商品代公母全为红羽，产红壳蛋、羽色、羽速双自别雌雄。

种禽褐 6 号属此类型。根据有的地区和用户希望商品代的雏鸡又能区别公母而且公雏也是红色，这样还可以提高公雏的售价而育成的，父本 A、B 系全为红快羽产红壳蛋，母本 C 系红慢羽、产红壳蛋，D 系白快羽、产红壳蛋，父母代时父本 AB 公母鸡全部为红快羽，母本 CD 公雏为白慢羽，CD 母雏为红慢羽（根据羽毛颜色区别公母）。商品代（ABCD）时公母雏都为红羽，其中快羽为母雏，慢羽为公雏（羽速自别公母雏），体重同种禽褐。

2. 滨白鸡

滨白鸡是黑龙江省东北农学院育成的蛋鸡高产配套系，因校址设在哈尔滨市，故称为哈尔滨白鸡简称滨白鸡，先后育成的配套系有滨白鸡、滨白自别 1 号、滨白自别 3 号、滨白 584 等。

1981 年开始推广，主要推广地区为东北三省，河南、山东、内蒙古、四川等省自治区也有引进饲养的。

首先推广的是滨白 42 两系配套，属白来航型；体小，全身白羽产白蛋，蛋大、蛋形整齐，72 周产蛋 250～255 枚，总蛋重 15 公斤左右。20 周龄体重母鸡 1.3～1.35 公斤，成年体重 1.5～1.6 公斤。

滨白自别 1 号两系配套，体型比滨白 42 稍大，淘汰母鸡肉质较好，羽毛白色，颈、胸偶有褐色斑点，蛋壳褐色，可以羽速自别雌雄，公鸡为慢羽，母鸡为快羽。产量与滨白 42

相似。

滨白自别3号两系配套，外貌特征、生产性能与滨白42相仿，不同的是可以羽速自别公、母雏。公雏为慢羽，母雏为快羽。

滨白518和滨白684为国家“七·五”攻关育成的高产配套系，体型外貌同滨白42，生产性能72周产蛋数达280.5枚，总蛋重16.57公斤。

3. 农大褐1号

原名农大褐、农昌1号。是中国农业大学采用现代育种方法——合成系法——经过国家“六·五”、“七·五”蛋鸡攻关培育而成，其体型适中，生产性能高，适应性强的优秀褐壳蛋鸡。父母代雏鸡可羽速自别雌雄，商品代雏鸡可羽色自别雌雄，方式同种禽褐。72周产蛋数261～278枚，产蛋总重16.4～16.6公斤，20周龄体重母鸡1.54～1.6公斤。72周体重母鸡2.09～2.11公斤。

4. 农大褐2号

为中国农业大学育成的产浅褐壳蛋鸡配套系，父系为白来航，母系为农大褐DC，商品代雏鸡羽速自别雌雄。

5. 农大褐3号——节粮小型褐壳蛋鸡

由中国农业大学1994年育成推广，1997年正式验收鉴定。是国内外最早推出的矮小型褐壳蛋鸡商业品种配套系。其是利用矮小公鸡（快羽）和农大褐D×C慢羽母鸡杂交生产三系配套的矮小型褐壳蛋鸡商品鸡，商品代雌鸡羽速自别雌雄，母鸡为矮小快羽。最大特点是耗料少，饲料转化率高，综合效益较高，而且体形小，成年体重1.6公斤左右，占地面积小，可以提高饲养密度。生产性能：72周入舍母鸡产蛋数

266.3 枚，总蛋重 15.45 公斤，只日耗料 86.4 克，产蛋期料蛋比 2.01∶1。

6. B_6 蛋鸡

B_6 蛋鸡是中国农科院畜牧所培育的高产配套系黑羽产褐壳蛋鸡种。父系为红羽，母系为芦花羽，商品代为黑鸡。国家“七·五”攻关测定成绩为：72 周龄产蛋数 274.6 枚，产蛋总重 16.01 公斤。20 周龄体重 1.69 公斤，72 周龄体重 2.1 公斤。

7. B_4 杂交鸡

B_4 杂交鸡为中国农业科学院畜牧所以星杂 444 为素材培育的两系配套杂交鸡。花羽产粉壳蛋，羽速白别雌雄。全国随机抽样测定成绩，72 周龄产蛋量 254.3 枚，总蛋重 15.16 公斤，20 周龄体重 1.5 公斤左右，72 周龄体重 1.7 公斤左右。

8. 北京红鸡

北京红鸡是由原北京市第二种鸡场利用 1981 年 12 月从加拿大雪佛公司引进的“星杂 579”曾祖代鸡选育而成的四系配套系，褐羽产褐壳蛋，为北方推广的褐壳蛋之一，近几年来，他们在原引进纯系的基础上又引进了新的高产蛋鸡血缘进行育种研究，形成了目前多种配套系，因 1996 年注册了“育康”商标，目前育成推广的有“育康 1 号”、“育康 5 号”、“育康 6 号”、“育康 8 号”四个配套系。

(1)“育康 1 号”：红羽，产褐壳蛋，双自别雌雄，鉴别方式同种禽褐。18 周龄体重母鸡 1.4～1.45 公斤，淘汰体重 1.85～1.9 公斤，年平均产蛋总重 17.5～18.5 公斤左右。

(2)“育康 5 号”：花羽，产粉壳蛋，羽速自别，自别方式同“京白”939R 型，18 周龄母鸡体重 1.35～1.4 公斤，淘汰体重 1.8～1.85 公斤，年平均产蛋 18 公斤左右。

(3)“育康 6 号”：白羽，产粉壳蛋，羽速自别，自别方式同“京白”939B 型，18 周龄母鸡体重 1.3～1.35 公斤，淘汰体重 1.75～1.85 公斤。年产蛋量 18 公斤左右。

(4)“育康 8 号”：红羽，红壳，双自别，同种禽褐 6 号，18 周龄体重 1.45～1.50 公斤，淘汰体重 1.85～1.95 公斤，年平均产蛋量 18.5 公斤左右。

9. 伊利莎蛋鸡系列鸡种

1994 年 3 月，按照农业部的指示，上海市在原上海新杨种鸡场基础上，组建上海市新杨种禽场（家禽育种中心），接收了北京华牧家禽育种中心十二个纯系蛋鸡，又收集了一些蛋鸡新血液，选育出伊利莎褐壳、白壳、粉壳、矮小型蛋鸡系列配套系。

(1) 伊利莎褐。褐羽、产褐壳蛋，羽速羽色双自别雌雄，父母代羽速自别，商品代羽色自别，20 周龄体重 1.5～1.62 公斤，72 周龄产蛋数 287～296 枚，总蛋重 18 公斤左右。

(2) 伊利莎白。白羽、产白壳蛋，羽速自别雌雄，20 周龄体重 1.35～1.43 公斤。72 周龄产蛋数 290 枚左右，产蛋总量 18 公斤左右。

(3) 伊利莎粉。产粉壳蛋，体型、体重、产蛋都介于其育成的褐、白之间。

(4) 伊利莎矮小型褐壳蛋鸡。从中国农业大学引入矮小素材，杂交配套育成。褐羽、褐蛋。其体型小（比一般蛋鸡体重小 30%，饲养密度提高 15%），日耗料少（高峰只日耗料 90 克），综合饲养效益高等特点。140 天体重 1.2～1.3 公斤，72 周龄产蛋数 265～281 枚，产蛋总重量 15.46～16.3 公斤，料蛋比 2.1∶1，淘汰体重 1.45～1.65 公斤。

上述仅是当前国内育成推广的一些有名的蛋鸡良种配套系。此外，还有许多蛋鸡良种配套系，如吉林农科院育成的吉林白鸡，吉林褐鸡；上海选育的金白、金黄鸡，河南农大培育的豫州褐系列蛋鸡；秦皇岛选育的奥塞克系列蛋鸡；中牧集团选育的华联褐、白、粉系列蛋鸡；江西省东乡县畜牧科学研究所培育的黑鸡产绿壳蛋鸡——当地称之为绿色食品蛋的东乡神蛋东乡绿壳蛋鸡西安太和家禽育种公司育成的华星蛋鸡系列和罗莎褐蛋鸡等等。篇幅有限，这里就不一一列举了。

三、引进的国外蛋鸡配套系

我国引进的配套系数量是世界各国之最。由于信息的高速发展和世界蛋鸡种的激烈市场竞争，目前世界上蛋鸡种我国几乎都引进了。根据笔者的初步统计近 20 年来我国先后正规成套引进的配套系曾祖代以上的就有 8 个鸡种（罗斯、星杂 579、星杂 288、罗曼褐、巴布考克 B-300、宝万斯褐、宝万斯高兰、宝万斯白），还有从加拿大谢佛引进的 12 个纯系等 11 个批次，7 个单位。引进配套系祖代的鸡种有 20 个以上，商品代除以上繁殖外，还有国外公司赠送给有意引种单位试养的鸡种近 30 种。现介绍主要引进的配套系鸡种如下：

（一）褐壳蛋鸡配套系鸡种

1. 罗斯褐壳蛋鸡

罗斯褐鸡是英国罗斯育种公司培育的四系配套杂交的褐羽、褐壳蛋鸡。我国于 1981 年 11 月直接从英国引进该鸡的曾祖代雏鸡。由当时上海市新杨种鸡场负责繁育，作为我国当时南方地区推广褐壳蛋鸡的主要原种基地。曾推广到全国二十多个省市。上海当时测定成绩为 72 周龄产蛋数 268.6 个，总蛋重 16.02 公斤。18 周龄母鸡体重 1.4 公斤左右。

2. 星杂 579 褐壳蛋鸡

"星杂 579"是加拿大雪佛公司培育的羽色自别雌雄的褐羽、褐壳蛋鸡配套系，是当时国际上著名的鸡种之一。我国于 1981 年 12 月直接从加拿大引入一套曾祖代雏鸡。由北京市第二种鸡场负责饲养和选育繁殖，作为当时我国北方地区推广褐壳蛋鸡的主要原种基地。北方地区推广较多，全国各地都有引入饲养。1990 年随国家"七·五"攻关测定成绩为，72 周龄产蛋数 250.4 枚，总蛋重 16.09 公斤。21 周龄体重 16.58 公斤，72 周龄体重 2.43 公斤。

3. 海赛克斯褐

海赛克斯褐是荷兰优利布里德公司培育的四系配套杂交鸡种，羽色自别雌雄，褐羽褐壳蛋鸡，该鸡也是当前国际上最好的褐壳蛋鸡之一。我国于 1985 年 10 月引进其祖代鸡。放在北京市大兴县芦城鸡场饲养，繁殖供种，据称该鸡的产蛋遗传潜力为年产蛋 295 个，公司保证为 275 个。据报道，其 78 周龄产蛋量 302 个，平均蛋重 63.6 克，总蛋重 19.2 公斤。18 周龄体重 1.53 公斤，淘汰体重 2.15 公斤。本鸡种深受东北地区喜爱，特别受辽宁的欢迎。近年来全国又有多家引进祖代，繁殖供种。

4. 依萨褐

依萨褐是法国依萨公司培育的四系配套杂交鸡，褐羽、褐壳，羽色自别雌雄。是目前国际上优秀的高产褐壳蛋鸡之一。我国于 1986 年 5、6 月引进祖代鸡，饲养于大连种鸡场。商品代鸡在我国现场测定72周龄产蛋量284.9枚，总蛋重17.3公斤。该公司提供的生产水平数据为：76周龄产蛋321枚，总蛋重20.1公斤。20%开产体重1.65公斤，淘汰体重2～2.1公斤。我国杭州、北京等地多家引进祖代配套系种鸡饲养繁殖，向全国供种。

5. 罗曼褐

罗曼褐是德国罗曼育种有限公司培育的四系配套系杂交鸡。褐羽、褐壳、羽色自别雌雄蛋鸡。1987年我国引入祖代放安徽农业厅畜牧局饲养。1989年我国首次引进其曾祖代蛋鸡，放在上海华申曾祖代蛋鸡场饲养繁育，向全国推广。1996年再次引进新罗曼褐，在华申饲养；1996年10月河南华罗等地也引进祖代，其新罗曼褐除罗曼褐上述特点外可以双向自别雌雄：父母代羽速自别雌雄，商品代羽色自别雌雄。生产性能据罗曼公司介绍为：72周龄产蛋数302.4枚，总蛋重19.4公斤，18周龄体重1.45～1.55公斤。成年体重1.93公斤，上海华申为罗曼褐鸡种在我国的推广的原种基地。

6. 迪卡褐

迪卡褐是美国迪卡公司培育的四系配套杂交鸡。褐羽褐壳羽色自别雌雄，1986年我国由上海松江大江有限公司引进其祖代鸡，饲养繁殖供种。据迪卡家禽研究公司介绍：其72周龄产蛋数285～305枚，总蛋重18.8～19.5公斤。18周龄体重1.7～1.78公斤，40周龄体重2.15～2.2公斤。

7. 海兰褐

海兰褐是美国海兰国际公司培育而成的四系配套杂交鸡，褐羽、褐壳，羽色自别雌雄。1991年至今我国的烟台外贸种禽公司，北京峪口祖代鸡场，济南军区空军肥城种鸡场等引进其祖代鸡饲养繁殖向全国推广。据海兰公司介绍：其72周龄产蛋数302枚，总蛋重19.3公斤，18周龄体重1.55公斤，72周龄体重2.25公斤。

8. 尼克红鸡

尼克红鸡是美国尼克公司培育而成的四系配套杂交鸡，褐羽、褐壳羽色自别雌雄。我国石家庄祖代鸡场引进其祖代鸡。辽宁、山东等省也有引进。据介绍：72周龄产蛋数306枚，总蛋重18.23公斤，20周龄体重1.65公斤，72周龄体重2.057公斤。

9. 黄金褐壳蛋鸡

黄金褐是由迪卡公司近年来为适应中国市场需要而研究推出的一个褐壳新配套系，我国引进其祖代鸡，在山东济宁市祖代鸡场饲养，其它省也有引进。据介绍：72周龄产蛋数290～310枚，总蛋重18.9～19.6公斤。20周龄体重1.86公斤，72周龄体重2.1公斤。

10. 雅发鸡

雅发鸡由以色列PBU家禽育种公司育成的四系杂交的褐壳蛋鸡配套系。我国于1993年引进，由北京亿圆种禽公司饲养和繁殖。哈尔滨原种鸡场也引进饲养。据介绍：78周龄产蛋数290～305枚，总蛋重18.3～19.8公斤，20周龄体重1.63公斤，40周龄体重2.1公斤。

11. 伊莎B-380

伊莎B-380由法国伊莎公司培育的褐壳蛋鸡，我国近几年有了引进饲养，据介绍：其76周龄产蛋数318枚，总蛋重19.8公斤。

12. 海兰褐佳

海兰褐佳由美国海兰公司培育的又一种褐羽褐壳蛋鸡。体重、平均蛋重比海兰褐重，由我国济南军区空军肥城种鸡场引进祖代，其72周龄产蛋数292枚，总蛋重20.3公斤。

13. 宝万斯褐和宝万斯高兰

宝万斯褐和宝万斯高兰是由原荷兰汉德克公司培育而成的两个褐羽褐壳蛋鸡杂交配套系。1998年7月16日我国引进其曾祖代，放在北京华都集团有限责任公司良种基地饲养和选育，据汉德克公司介绍：其生产性能：80周龄产蛋数324～329枚，总蛋重20.6～21公斤。80周龄体重2.05～2.2公斤。

14. 巴波娜·特佳蛋鸡

巴波娜·特佳蛋鸡由匈牙利巴波娜公司培育而成的褐羽、褐壳四系杂交配套系，济南军区空军肥城种鸡场引进其祖代。据介绍：72周龄产蛋数300～312枚，总蛋重19.20公斤。18周龄体重1.45～1.55公斤，73周龄体重2.05～2.15公斤。

15. 黑康鸡

黑康（以前称哈可蛋鸡），由匈牙利巴波娜公司培育而成的黑羽褐壳杂交配套系，我国山东、黑龙江等地引进。产量72周龄总产蛋数为290～300枚，总蛋重19～20公斤。20周龄体重1.75公斤，30周龄体重2.14公斤。

16. 尼拉黑鸡

尼拉黑鸡由荷兰汉德克公司培育的黑羽、褐壳蛋鸡配套系，我国山东、黑龙江引进饲养，该鸡体略大、蛋大，适合农村开放式粗放饲养。据介绍：80周龄产蛋数318～323枚，总蛋重19.8～20.2公斤。20周龄体重1.68～1.76公斤。

（二）白壳蛋鸡配套系鸡种

1. 星杂 288

星杂 288 是由原加拿大雪佛公司育成的四系杂交配套的白羽、白壳蛋鸡。是我国引入较早的白壳鸡种。1972 年首次从巴基斯坦引进商品代。1982 年雪佛公司送给当时北京农大父母代，1986 年我国正式引进其曾祖代，放在辽宁沈阳空军辽阳原种鸡场饲养选育供种，后转入哈尔滨原种鸡场中饲养。“六·五”攻关测定时 72 周龄产蛋数 262 枚，总蛋重 15 公斤。20 周龄体重 1.5 公斤，72 周龄体重 2.0 公斤。为我国当时北京白鸡选育的重要素材之一。

2. 巴布考克 B-300

巴布考克 B-300 是由当时的美国巴布考克公司培育而成的四系杂交配套的白羽、白壳蛋鸡。1981 年沈阳鸡场引入父母代，1987 年北京市种禽公司引进曾祖代饲养繁育推广。我国国家“七·五”攻关测定时成绩为 72 周龄产蛋数 285 枚，总蛋重 16.8 公斤，20 周龄体重 1.46 公斤，72 周龄体重 1.97 公斤。

3. 海赛克斯白鸡

海赛克斯白鸡由荷兰优利布里德公司培育而成的，最早 1978 年由上海金桥鸡场引入父母代，后全国多处陆续有引进。据介绍：72 周龄产蛋数为 302 枚，总蛋重 18.3 公斤，20 周龄体重 1.34 公斤，57 周龄体重 1.67 公斤。

4. 尼克白

尼克白是由美国尼克国际公司培育的白羽、白壳蛋鸡。最早我国是 1978 年由广东黄陂鸡场从美国直接引入的祖代鸡。后我国沈阳、河北等地都陆续引进祖代，据该公司介绍：80

周龄产蛋数 325～347 枚，总蛋重 20.8 公斤，18 周龄体重 1.27 公斤，80 周龄体重 1.78 公斤。

5. 海兰 W-36

海兰 W-36 蛋鸡是由美国海兰国际公司培育而成的白羽、白壳蛋鸡。我国沈阳辉山、河北灵山、山东烟台、济南、北京峪口等地都有引进，最高代次为祖代。该公司介绍：72 周龄产蛋数 287～320 枚，总蛋重 18.6～19 公斤。20 周龄体重 1.28 公斤，70 周龄体重 1.7 公斤。

6. 海兰 W-77

上述公司育成的又一白羽、白壳蛋鸡，性能相似，体重略大，我国山东济南等地引进祖代和父母代鸡。

7. 迪卡白壳蛋鸡

迪卡白蛋鸡是由美国迪卡家禽研究公司育成的白羽、白壳蛋鸡。我国沈阳、山东、济南等地引进其祖代。据介绍：72 周龄产蛋数 297.5 枚，总蛋重 18.2～18.7 公斤。20 周龄体重 1.45 公斤，72 周龄体重 1.7 公斤。

8. 罗曼白蛋鸡

罗曼白蛋鸡是由罗曼家禽育种有限公司育成的白羽、白壳蛋鸡。北京、辽宁等地有引进。1996 年 10 月河南华罗家禽育种有限公司引进祖代，据介绍：产蛋 12 个月时的产蛋数为 295～305 枚，总蛋重 18.5～19.5 公斤。20 周龄体重 1.3～1.4 公斤，产蛋末期体重 1.7～1.9 公斤。

9. 宝万斯白

宝万斯白鸡是由原荷兰汉德克公司育成的白羽、白壳蛋鸡。1997 年 9 月我国引进其曾祖代放在北京华都集团饲养和选育。据该公司介绍：其 80 周龄产蛋数 327～335 枚，总蛋重 20.2～20.6 公斤，20 周体重 1.5 公斤，80 周龄体重 1.7～1.8 公斤。

（三）粉壳蛋鸡配套系鸡种

1. 亚康

亚康是以色列 PBU 家禽育种公司培育的白羽、粉壳蛋鸡。是我国第一个从国外引进的粉壳蛋鸡。1993 年由北京亿圆种禽公司引入祖代，后北京市南口农场种鸡场每年引进祖代蛋鸡。据介绍产蛋数为 290～300 枚，总蛋重 18 公斤左右。20 周龄体重 1.5 公斤。

自从我国北京市种禽公司培育推出“京白”939 粉壳蛋鸡以后，国内饲养效果较好，很受一些地区的欢迎，这样国外一些大的著名公司也纷纷向中国推出粉壳蛋鸡，如北京、山东、河南、河北也纷纷引进了海兰灰、尼克粉、罗曼粉等粉壳蛋鸡。其它公司也有向中国推销粉壳蛋鸡的趋势，在此就不逐一单独介绍了。

四、性能评估

在过去的几十年里，由于数量遗传学和杂种优势效应在家禽育种中的广泛应用，使现代蛋鸡的生产水平进展十分显著，特别在近十几年，信息的高速发展，先进的育种方法、育种技术的应用和高新的分子、生物技术的辅助选育。使各育种公司都培育了较多较好的专门化公母品系，随时根据不同的市场需求进行杂交配套生产商品鸡。而且环境因素也同时得到较好的控制，管理水平和管理技术的相配套和饲养管理、饲料营养、兽医防疫技术的不断提高和完善，使鸡的产蛋效率已经改进到 10 年或 20 年以前不敢预见的水平。在白壳蛋鸡的体重无大变化的前提下，蛋数的增加明显，蛋重也在变大，蛋壳质量也有明显的进步。褐壳蛋鸡在体型变小，耗料减少的情况下，仍保持蛋数、蛋重的稳定增长，现不论国内自育品系还是从国外引进的品系，也不论红壳蛋鸡还是白壳蛋鸡，在良好的管理条件下，其都有达到72周龄产蛋300枚以上，总蛋重18～20公斤，料蛋比2.2～2.3∶1，有的可达2.0∶1，平均蛋重60～64克，0～20周龄成活率95%～98%，产蛋期成活率90%～95%的遗传潜力（现国际上没有统一的统计标准，故以上介绍的配套系的生产水平不是统一周龄的数据，参考时请注意其提供的产蛋周龄）。

在我国现有的条件下，主要是我国的大环境条件与国外条件相比，还是不尽人意，差距较大。特别是在我国现有条件下的农村千家万户条件下养殖，条件更是千差万别，不尽规范，所以鸡种的遗传潜力的发挥，生产水平的表现也就不尽相同。同样的鸡种，目前我国一般饲养较好水平为年产蛋量17～18公斤，饲料转化率料蛋比多在2.5∶1左右，死淘率也相对偏高。一般育雏期成活率95%，育成期成活率95%居多，产蛋期成活率在88%～90%左右。

饲养引进鸡种还是我国的已选育的鸡种并不是影响我国蛋鸡产蛋水平的主要矛盾，而重要的问题仍是疫病防治、环境和饲养管理及饲养营养条件。通过我国近20年引进国外的多套著名鸡种的曾祖代看，不管多好的鸡种，到我国连续养了3年以后，就会逐渐失去竞争优势，还需要重新引进，是我们自己育种的技术不行吗？结论也是否定的，主要还是大环境造成的鸡病增加所致。国内的自育鸡种，报道水平虽没有进口鸡种高，但在我国的环境条件下同期测定时，水平并不比国外引进的著名鸡种水平差，反而有的超出很多（“六·五”、“七·五”、“八·五”测定结果说明），所以我们认为引进鸡种时介绍的成绩并不是你当地饲养条件下所能达到的实际生产水平，只是它的品种的遗传潜力而已，但你可以尽量去创造适宜它的条件而去达到它的潜力。

第二章　鸡的生物学特性与生产特点

一、鸡的一般特征

鸡属于鸟纲、鸡形目、雉科、鸡属的一个物种，鸡属鸟类。大多数鸟类具有适于飞翔的身体构造。家鸡虽经过人类的驯养，但大多数还具有鸟类的能力，了解鸡的这些特征，将有利于我们更好的饲养它。

（一）鸡的一般特征

（1）全身被羽毛覆盖；

（2）头小；

（3）没有牙齿；

（4）口可张得很大；

（5）骨骼中有气室；

（6）骨骼愈合的多；

（7）前肢演化为翼；

（8）胸肌与后肢肌肉非常发达；

（9）有嗉囊和肌胃；

（10）肺小而有气囊；

（11）没有膀胱；

（12）雌性仅左侧卵巢、输卵管发达；

（13）产卵而无乳腺；

（14）具有泄殖腔；

（15）公鸡睾丸位于体腔内；
（16）横隔膜只剩痕迹，没有横隔膜；
（17）靠肋骨与胸骨的运动进行呼吸；
（18）眼大；
（19）视叶和小脑很发达。

（二）鸡的习性

鸡具有群居、好斗、认窝、抱性、杂食、胆小和栖高等习性，在管理中只有掌握好鸡的习性，才能去尽量创造必要的饲养管理条件，使其充分发挥其生产效果。

二、鸡的生物学特征

1. 鸡的体躯矮小

鸡的个体矮小，体高在35厘米左右，空间活动范围一般在50厘米高度以内，所以养鸡节约空间，单位面积和体积内饲养量高。

2. 体温高代谢旺盛

鸡的体温一般是41.5℃，这是因为鸡新陈代谢旺盛，机体产生热量多而形成的。鸡的基础代谢为马、牛等的3倍以上。安静时耗氧量与排出的二氧化碳的数量也高一倍以上。因此，在配合鸡的饲料时必须保证鸡对能量的需要。在日常管理中必须注意通风换气，使鸡舍内充满新鲜空气，才能满足鸡对新陈代谢所需要的氧气。

鸡心跳很快，每分钟脉搏可达200～350次，这也说明鸡生命之钟转得快，寿命相对缩短。根据这些，我们就要为鸡尽量创造出良好的环境条件，利用其代谢旺盛的优点，来为我们生产更多更好的种蛋。

3. 鸡无汗腺

鸡的全身覆盖羽毛，没有汗腺。当环境温度上升时，其体热散发比较困难。只能靠张嘴呼吸，加速口腔内液体蒸发带走热量而降温。因此养鸡要有对鸡最适宜的环境温度和湿度，才能保证鸡生产潜力的正常发挥。一般成鸡舍的理想环境温度为 13～23℃为好，相对湿度为 60%～65%为佳。

4. 繁殖潜力高

鸡的繁殖潜力很高，母鸡的右侧卵巢与输卵管退化消失，仅左侧发达，机能正常。正常鸡的卵巢肉眼可见的卵泡至少有 2 000 多个，在显微镜下则可见到 12 000 多个卵泡。这些卵细胞在鸡的一生中是不可能都成熟排卵成为一枚鸡蛋，但人们可以创造条件让其多排卵和多产蛋。现高产蛋鸡年产蛋达 300 枚以上是没有问题的。其总蛋重可达 17～20 公斤。可产出达其鸡体重的 10 倍的鸡蛋，这是任何哺乳类家畜无法比拟的繁殖性能，现一只蛋种鸡年产的蛋人工孵化可得 200 只以上的雏鸡。可以看出鸡的繁殖和生产潜力之大，养鸡者要采取有效的技术措施使其发挥生产潜力，提高经济效益。

鸡的繁殖潜力不仅表现在母鸡方面，而且公鸡的繁殖力也是很惊人的，一只健壮精力旺盛的公鸡 1 天可交配 40 次以上，每天交配 10 次是很平常的。一般 1 只公鸡配 10～15 只母鸡可以获得较高的受精率（90%～99%，甚至 100%）。人工授精的话 1 配 40 只也同样能获得较高的受精率。鸡的精子存活时间也长，不像哺乳动物的精子容易衰老死亡，一般在母鸡输卵管内可以存活 5～10 天，有的可以存活 30 天以上。不仅如此，受精卵在输卵管中发育到了两个胚层的原肠期，当鸡蛋产出体外后，由于温度下降，胚胎发育暂时停止。这样在适宜温度下（5～15℃）可以贮存 10 天左右，长者也可达 30 天，当温度升到适宜温度后（37.8℃）仍可孵出小鸡，要求发挥其繁殖潜力大的长处，必须实行人工孵化。为少养公鸡，降低饲养成本，最好采取人工授精方式饲养蛋种鸡。

5. 对饲料营养要求高

在动物性蛋白质中，鸡蛋的生物学价值居于各种食品蛋白质的首位。鸡蛋的生理效价最高达 94%，而且蛋中还含有人体必需的各种氨基酸，并且组成比例非常平衡。还含有丰富的多种维生素，一个蛋含有一个新生生命所需要的一切物质，一只鸡年产 18～20 公斤蛋，鸡产出含有如此丰富营养物质的蛋，必须喂食含有丰富物质的饲料，而且在数量上要远远高于蛋中的营养。而且要求这些蛋白质中要含有 11 种必需氨基酸，各种维生素，微量元素，充足的钙和磷等。才能满足鸡的生产需要。所以要强调饲喂配制好的营养全价的配合饲料。

6. 对环境变化敏感

鸡的听觉不如哺乳动物，但对噪音特别敏感，特别是对突如其来的噪音刺激就会惊恐不安，乱飞乱叫，影响产蛋，鸡的视觉很灵敏，对陌生人走进鸡舍可以引起鸡的“炸群”发生，乱飞乱跳，甚至个别鸡会因冲撞鸡笼，而产生肝破裂死亡或卡吊在笼具上而死。因此养鸡场必须保持环境安静，陌生人少进鸡舍，特别是种鸡场，外人更不应该进入鸡场中，鸡对光线也很敏感，由于光线刺激，使性腺激素分泌，从而促进产蛋，产蛋期光照的突然变化或由长变短都对产蛋不利，严重时会引起换羽停产。强烈的光照刺激还会引起鸡的躁动不安，相互啄食，行成啄癖。鸡舍的温度湿度骤增骤减变化，引起高温或低冷，鸡舍的通风不好，氨气、二氧化碳、硫化氢等有害气体的浓度超过允许量，对鸡的气体代谢和体内离子的浓度，酸碱平衡都会产生影响，舍内的空气污浊，还会导致呼吸道病的发生直接对鸡的产蛋和健康产生影响，所以养鸡我们要最大限度的控制好鸡舍的优良环境，给鸡创造一个安静舒适的环境，使其充分的发挥其生产潜力。

7. 抗病能力差

对养鸡业来说，危害最大的仍是疫病，但鸡对病的抗性差。从鸡的解剖上看，就不难理解鸡抗病差的原因了。鸡的肺脏很小，但又连接很多气囊，这些气囊又充斥于体内各个部位，甚至进入骨腔中，通过空气传播的病原体就容易沿呼吸道进入肺循气囊而进入体腔、肌肉、骨骼之中去，使病原体侵入全身各处，感染疫病。鸡的泌尿系统没有膀胱，连结肾脏的输尿管直接开口于泄殖腔；生殖系统的输卵管也开口于泄殖腔；这样粪便尿液和鸡蛋产出，都经过这一共同的场地——泄殖腔，因此鸡蛋产出时容易受到污染，蛋壳带有致病的微生物后，孵出的雏鸡很易感染鸡病。因此，为了防止这一弊端对蛋种鸡产出的种蛋都要求在产蛋后 2 小时之内收集消毒一次。由于鸡没有横隔膜，没有胸腔和腹腔之分，因此细菌、病毒侵入腹腔任何脏器都容易传至胸部器官，发生链锁性的内脏病变。鸡没有淋巴结，这等于缺少阻止病原体体内通行的关卡。因此在同样条件下，鸡比鸭鹅等水禽抗病能力差，易感病死亡。尤其在工厂化高密度饲养条件下，特别是对小而全、大而全，不能以场和栋为单位全进全出制的养鸡情况下对于疫病的控制更为不利。鸡的特性导致鸡的传染病由呼吸道传播的多，而且速度快，发病严重，死亡率高，染病不死时也严重影响产蛋，造成重大的经济损失。

8. 鸡有免疫器官——法氏囊

鸡的泄殖腔后上方有一个独特的免疫器官叫法氏囊，鸡蛋入孵后 4～5 天便出现在原肠末端，到 18 天左右形成完整的类似淋巴滤泡的形态，出壳后继续生长，到性腺发育时，其开始退化，2～3 月后萎缩。法氏囊能产生体液性抗体，有免疫作用。如发生法氏囊病，鸡的免疫功能降低，容易患病，因此鸡初生后应接种法氏囊疫苗，以保证其法氏囊具有免疫功能。

9. 鸡有特殊的消化特性

鸡没有牙齿，在颈食道和胸食道之间有一暂存食物的嗉囊，再下有腺胃和肌胃，肌胃内层是坚韧的筋膜，采食饲料主要靠肌胃蠕动磨碎食物。因此，在喂鸡饲料中要加入适当大小的砂粒，以帮助鸡消化食物。由于鸡的体重小，消化道短，肠道的长度只有体长的 5～6 倍，除盲肠可以消化少量纤维素外其余消化道不能消化纤维素，因此鸡不适于喂粗饲料，鸡消化道短，食物通过消化道的时间短，有些氨基酸在体内不能合成，大多依靠饲料供给，所以鸡所需的必需氨基酸种类多，都需要在配制饲料中给予满足。

10. 鸡有群居性能适应工厂化饲养

鸡具有很强的群居性，当离群的鸡单独行动时就会鸣叫不止，表现惊恐，直到归群之后才表现安稳。由于其群居性，相互之间能模仿采食和饮水，可以促进雏鸡早开食，使消化系统早进入生理活动。现在搞的大规模的工厂化饲养，也可以说是利用了鸡的群居性这一生物学的特殊性进行高密度饲养。笼养种鸡，提高了鸡舍的利用率，提高了公母鸡之间的饲养量和受精率，更有效地提高了种鸡的利用率和经济效益。

对于养鸡者，应当充分认识鸡的生物学特性，扬长避短，利用其有利的一面，创造条件克服不利的一面，以使种鸡生产出更多的合格种蛋出来。

三、种鸡的生产特点

现代种鸡的最大生产特点是建立了现代的良种繁育体系和相适应的饲料营养，疫病防治、生产销售，技术服务和工程设施等系统体系。

1. 种鸡的繁育体系

优秀鸡种的专门化培育，繁殖、配套供种是使养鸡生产者获得高生产水平和高的经济效益的物质基础，近几十年来，由于数量遗传理论，杂交优势理论，高新生物技术的广泛应用。使蛋鸡育种进展十分明显，使蛋鸡良种的生产达到了很高的水平，同样是来航型白鸡，经过选育的配套系良种比没有经过选育的产蛋量增加了百枚以上，而且体轻耗料少，死淘率低，现培育出的现代良种鸡，需要经过几级繁殖杂交配套方能分配到商品蛋鸡的饲养用户中去，因此蛋鸡的良种体系有纯系选育，杂交测定后筛选出优良配套系，再根据这个配套系的特有模式去繁殖出曾祖代，祖代、父母代种鸡，最后杂交成商品代鸡。我国自 70 年代以来先后在北京、上海等地建立了原种选育场，他们各自也都有自己的祖代、父母代种鸡场。另外全国主要省市也都建立了祖代和父母代鸡种场，形成了全国和地区性的蛋鸡良种繁育体系。

2. 饲料生产供应体系

良种繁育体系中必须有配合饲料生产、供应体系做后盾，所以各地建大型、中型种鸡场时都配套建立了各种类型的饲料场。主要产品有各期蛋、种鸡的配合料，浓缩料，预混料，添加剂等，以保证蛋、种鸡的营养要求。

3. 疫病防疫体系

建立了各类兽医防疫的科研、教学、生产、生物药品，畜牧兽医诊断室等，对种鸡场加强疫病的检查、监测工作和加强种鸡的疫病防治和净化工作。另目前我国的种鸡场主要还对垂直传染的三种主要病，即鸡白痢、鸡白血病、支原体病进行检疫净化工作。

4. 生产销售和技术服务体系

各育种公司都有其庞大的销售和技术服务队伍、专门负责其公司良种的推广和技术服务工作，以保证其推广品种的健康和发挥其好的生产性能。使养鸡者获得尽量高的效益。

5. 工程设备设施体系

现代种鸡生产要求有先进的工艺流程和设备设施，以最大限度发挥种鸡的整体水平。主要包括工艺、工程设计、设备和机械制造，工程建筑等等。

以上五大体系相互联系，相互依存和相互促进，保证了种鸡生产的有序高速发展。

种鸡生产特点除以上主要五大表现体系外，还有微观上的 5 个生产特点：

（1）种鸡的饲养密度大，鸡舍的利用效率高。由于体小，群居性强，所以种鸡可平养也可笼养。现多采用笼养，搞人工授精，可充分利用鸡舍的空间（每平方米 10 只以上）提高种鸡的饲养量。

（2）劳动生产率高。由于养鸡的现代化和机械化水平的提高，使喂料、饮水、光照、通风全部机械或半机械化，大大降低了劳动强度，提高了劳动生产率。

（3）养鸡周期短，效益高。种鸡一般在 21 周龄以后逐渐开产，28～29 周上升到高峰，25 周龄种蛋可以利用，65 周龄可淘汰。每只种母鸡年可生产商品代母雏百只左右，每只年获利至少 30 元钱。

（4）可连续性生产。由于技术的发展，鸡舍环境的可控性提高可以使种鸡在冬天仍可以保持较高的产蛋水平。为此鸡群周转可 12 个月周转连续不断，避免了供种的不连续性。这样鸡群可以连续生产，常年孵化，打破原来供种的季节性。

（5）强计划性。由于种鸡的工厂化、专业化饲养，提高了鸡饲养的计划性和连续性，保证一年 12 月内随时都有种鸡供应市场，所以要求种鸡的生产也要像工厂化流水线生产一样，一环紧扣一环，不能脱环，这就要求种鸡的周转生产要有强的计划性。否则生产出来的种鸡不能孵化，造成损失，孵出的种雏当天或第 2 天没有人接收，就要处理死，这样将会给生产带来很大麻烦和造成严重经济损失。

四、怎样选择鸡种

饲养者要养蛋种鸡时，首先要考虑的问题就是养什么鸡种，是养红壳蛋鸡？白壳蛋鸡？还是粉壳蛋鸡呢？其次是养哪个代次的种鸡，是养祖代种鸡？还是养父母代种鸡？最后才是从哪里引进，什么时间引进的问题了。

当你要引种鸡时，引什么种鸡呢？这要从以下几个方面来考虑：

（1）你处当地风俗习惯是什么，当地的人们喜欢的是什么鸡种，你就引什么鸡种，如当地喜欢红皮鸡蛋你就引产红皮鸡蛋的鸡种。喜欢白皮就引产白皮蛋的鸡种。

（2）你销往地区人们的爱好什么就养什么。

（3）你销往地区哪种价格高销量大就养什么。

（4）你饲养的哪个鸡种的综合效益高就引哪个鸡种。

（5）看你的房舍和设备适宜养什么鸡种就养什么鸡种，如中型笼养中型蛋种鸡，小型笼就养轻型蛋种鸡。

（6）淘汰鸡时，剩余价值如何，哪样卖价高就引进哪样种鸡。

养哪个代次种鸡呢？要看你自己的技术水平和当地的条件及资金投入情况，一般的是种鸡的代次越高，需要的技术水平相对也就越高；代次越高，种鸡需求的条件也越高，资金投入也就越高。如引父母代种鸡只有公母两种雏即可，而引祖代鸡就要养A，B，C，D四个系的公鸡或母鸡，管理技术相对要繁杂的多。另外看你的地理环境和周边地区的交通运输和养鸡情况，一般地处省会、交通运输方便，周边养鸡非常多的情况下可考虑养祖代种鸡。反之养父母代种鸡为宜。

从哪里引种呢？是引进口的种，还是国产鸡种？这也要看你的养鸡环境和条件，国外引进鸡种，一般要求环境和营养条件相对要高一些，国内鸡种相对要求条件宽松一些，这和培育鸡种的环境条件有关。

从什么单位引种呢？最好考虑距离你处相对近一些的交通运输方便的正规、有名的大育种公司去引进，这样质量相对有保证，出现问题一般大公司相对会负责任的，你也好找他们。

什么时间引进呢？要看你当地的供种旺季是什么时间，前推 6 个月为接雏时间即可以。从市场角度看，多在养鸡走下坡路时引种会保险一些，在养鸡红火最鼎盛时引种，往往会使你被动。

总之怎样选择鸡种，要因人、因地、因时而宜，不要盲目追新，追时髦，目前各鸡种的生产水平都相差无几，主要是看供种公司的种鸡净化能力和净化水平，关键是要引进健康无污染的种蛋和种雏。

第三章　种鸡场场址的选择和鸡舍布局及工艺设备

一、市场调研及效果预测

要选择养鸡，首先要对其市场做调研，对其投入和产出做预测，根据预测的结果，选择经营的对象。

我国幅员广阔，不同地区的生活习惯和消费心理不同，有的地区喜欢食用白壳蛋，有的地区喜欢食用褐壳蛋，在南方大部分地区褐壳蛋的每公斤价格比白壳蛋高 0.4 元左右，这完全是由于消费习惯造成的。

如果养父母代种鸡，最好用新鸡场或新鸡舍，并且采用笼养，因为种鸡要强调防疫。目前种蛋的价格大约为 2.5 元/枚，鸡一生耗料在 50 公斤/只左右，如果饲料按 1.8 元/公斤计算，则一只鸡一生的饲料费为 90 元。如果一只鸡一生产蛋 300 枚，种蛋利用率为 80%，则每只鸡可提供 240 枚商品代种蛋，按 0.7 元/枚，则每只鸡可创造 168 元的毛利，除去买种蛋和饲料费用以及成活率、孵化费用和设备、人员费用，养种鸡是有利可图的。如果养祖代鸡，经济效益可能会更高，但要有足够的资金和专业技术人员，以保证生产中不出现异常。

如果养蛋鸡，由于目前价格较低，最好选择旧鸡舍，有条件的可采用笼养，也可采用网上平养。但最关键的是要选择好的鸡种，最近北京市种禽公司新推出的“京白”939、989

和 988，其具有体重轻，耗料少，成活率高，产蛋多的优点，是国内具有影响力的品种。

根据对广大饲养蛋种鸡的场家及个体饲养者的调查结果，目前利用旧鸡舍和旧房屋养鸡的大部分是个体饲养者，也有一小部分是小规模饲养的养殖场。

从经济效果的角度来看，因为目前鸡蛋价格不高，饲养户减少，种鸡的销售量下降，饲料又居高不下，所以对那些新建场舍的饲养者或饲养场来说，因为饲养成本高，经营利润往往是负值，但对那些利用旧鸡舍和旧房屋进行饲养蛋鸡的饲养者来说，由于饲养成本相对偏低，经营利润比新建场舍的饲养者要好的多。但市场是变化的，只要能适应这种经济变化，无论是什么企业都是可以赚到钱的。

二、新建鸡场的场址选择

选择场址要考虑有利于严格的隔离饲养；离水、电源近；水源充足且水质符合饮用标准；有利于排污；有利于通风的上风向等，最好选择在没有养过鸡或没有发生过鸡传染病的地方；交通便利，距离村庄不少于 1 公里。总之选择场址时，要尽可能地充分调查研究，选择接近理想条件的场址。

1. 地势

平原地区选择地势高的地区，这种场地阳光充足，排水好，利于场区及鸡群的卫生。如果在山区建场，应该选择坡度不大的半山腰处，同时要注意地质结构特点，绕开断层、滑坡、塌方的地段。地势的高低直接关系到鸡场的排水、光照和通风，必须要慎重。对拟建场的地形可以选择适当的比例尺绘制出地图，也作为总平面布局的参考。

2. 水、电

水电是养鸡场每天都离不开的。鸡场的水源充足，根据标准，每只种用鸡的昼夜用水量为2.5～3.0公斤。水质好，要求水中不含病原微生物和毒物，特别是不能有大肠杆菌，还必须要了解水的酸碱度。如果是自己打的水井，其深度应该在地下50米以下，以防水源污染。对于城市供水，如果进行饮水免疫时，应该注意水中残留的氯对疫苗效力的影响。如果水源不足和水质不良都会给饲养管理带来困难，同时还会影响鸡群生产性能的发挥。

在供电方面应确保不断电，特别是建立密闭鸡舍，一般可采用双路供电。若供点没有保证时，要自备发电机，电力安装容量每只种鸡为3～4.5瓦，蛋鸡为2～3瓦。

3. 气候因素

主要是气温、风向、风力及灾害性天气等。这些可以查看当地的气候资料，在进行鸡舍的走向和防暑、防冻工程时可以作为参考。

4. 交通

鸡场应建在距交通便利的干路1公里以上的地方，场区到干路的附路路况也要较好，便于种蛋的运输。

三、鸡场的合理布局

鸡场的总体布局，应明显地分出生产区、供应区和生活区。布局的原则是既要注意防疫，又要照顾各区间的相互联系，在布局上重点解决好主风向、地形和各建筑物间的距离。

生产区是整个布局中的主体。按照上风向到下风向的方向依次为饲料加工间和料库、孵化厅、育雏舍、育成舍、成年鸡舍。每个小区域内最好都设置自己的围墙或篱笆，以防止闲人或动物进入。并且相互间都应有不少于60米的隔离带。在有条件的情况下，育雏、育成舍，成鸡舍和孵化厅可分别单独设场，以利于防疫和饲养管理。鸡舍朝向的选择与鸡舍采光、保温和通风等环境效果有关，主要是对太阳光和主导风的利用。在我国北方，鸡舍最好是东西走向，有利于保温。地面要平坦并设下水道，以易排水，并经常保持干燥，还要设置防止昆虫与老鼠从下水道潜入鸡舍的屏障。鸡舍四周的环境要保持安静，免受外界噪音的干扰。在生产区的入口和各栋鸡舍如门口处，都要设置消毒池，供进出人员和车辆的消毒。在生产区的入口处，设置洗澡更衣室。生产区的道路应该严格区分脏、净道，且一定不能交叉使用。种鸡场的料塔可设在生产区内靠院墙处，饲料运输车不必进入生产区，隔墙将饲料送入生产区，以减少疾病的传播。

隔离带的绿化：可以改善鸡场小气候，由于树木和草皮的蒸发和遮盖作用，使地皮的温度降低2～3℃；植物吸收鸡舍内散发的二氧化碳和氨气等，放出氧气从而净化了空气，也保护了环境，在树种的选择上，要注意选择低矮的树种，一般灌木为好，以防止飞禽的进入；还可以降低噪音对鸡群的影响。

在考虑总体布局时，应留有扩大生产的余地。

四、利用旧鸡场和旧房舍应注意的问题

在我国有很多饲养场，特别是个体饲养者，苦于没有建舍用地，或是因为投入太大，所以就利用旧的房屋进行改造。我们说利用旧鸡舍和旧房屋进行养鸡是可以的，而且还能少

投入，这是一种方法，但必须经过严格的检查和消毒后再使用，否则容易出现问题。

(1) 如果是租用旧房屋，先要问清以前是否用于养鸡，若养过鸡，还要调查清楚是否发生过传染性疫情，若发生过则最好不要租用。若没有发生过传染性疫情，则可租用。

(2) 如果是租用或利用旧鸡舍以及曾经养过鸡的房屋，必须要经过彻底的消毒后再用。消毒要用甲醛熏蒸的方法。熏蒸是将门窗及房屋内各处的缝隙，用纸封住，以保证熏蒸效果，三天后可解除封闭。

(3) 如果此鸡舍或房屋曾发生过球虫病，消毒后要用火焰喷射器将房屋的各个地方烧一遍，因为球虫卵不经过焚烧是不会死的，而且以后还会再发生。

(4) 还要检查房屋是否漏雨，通风的效果如何，水、电是否能够保证等。做好一切准备工作。

五、饲养工艺设备的选择

1. 饲养工艺

蛋种鸡生产其流程主要有育雏、育成和产蛋期三个阶段。在这三段饲养中，各个生产场和饲养者所采取的饲养方式有很多种，主要有：

育雏-育成-产蛋期都采用笼养。

育雏-育成-产蛋期都采用网上平养。

育雏-育成网上平养，产蛋期笼养。

育雏网上平养，育成、产蛋期笼养。

蛋鸡笼架离地高度不同，又有普通式和高床式饲养；由笼架组合的形式不同，又分为全阶梯、半阶梯叠层式、平置式笼养；根据鸡舍又分为开放式饲养和封闭式饲养。

从目前来看，蛋鸡饲养方式有两大类：笼养和平养。就全世界的统计数字看，笼养占主导地位，特别是蛋种鸡的饲养方式，可以说全部都是笼养。

2. 配套设备的选择

由于选用不同的饲养方式，所用设备也不同。选用哪一种方式最好呢？这与许多因素有关，如所在地区、供水供电情况、交通情况等。在选择饲养设备前，应该对这些因素认真分析，因地制宜，再做设备选型。

3. 鸡笼设备

（1）育雏期的设备

①育雏平养保温伞：一般用于地面平养。在舍内地面上铺设沙子或麦秸、稻草或锯末，鸡自由分散在其上，保温伞的主体像一把伞，在伞罩上部有加热器，伞的直径一般在1～2.4米，容纳300～1 000只雏鸡。

②网上平养：在离地面一定高度处，搭起金属网片、竹片或塑料网片，鸡养在网上，粪便落于网下的地面上。网的大小可根据饲养面积的大小而定。

③电热育雏器：是一种三阶段饲养的育雏器，属于重叠式笼养设备，一般为四层，饲养密度很大。每层与网上平养相似，饲养密度略高于平养，笼层之间垂直，四周有篦挡，水槽和料槽挂在篦挡的外面，篦挡上有孔，其大小可以调节。每层都有控温的装置，一般采用红外线发光管，每层都有用以照明的灯泡，层与层之间设置接粪盘，粪盘要定时清除。

（2）育成期的设备。育成有平养和笼养。平养一般为网上，笼养常采用2～3层半阶梯式或叠层式笼。如果育雏和育成是分开的，则育成舍内的粪坑一般为浅坑，育成结束时进行清粪。

（3）产蛋鸡笼。鸡笼是笼养设备的主体，经过长期的技术改进，使笼体的尺寸、材料等更适合鸡的生理要求。

①材料和结构：一般都是用低炭钢制成2～2.5毫米的钢丝，然后再做成网片。笼前有饲槽和饮水器，笼底向前倾斜形成滚蛋角，角度一般为10度左右。笼分为底网、顶网、前后网和侧网，侧网之间形成每一单元鸡笼。根据中轻型鸡的区别，通常每笼饲养3～4只鸡。

②对底网的要求：最重要的是能承受一定的重量，鸡粪便于漏出，对鸡蛋的破损影响要小，所以其结构和材料是关键。大多采用纵横线结构，纵向沿着笼底倾斜方向配置，间距22～25毫米，横向间距为50毫米，形成25×50毫米的网格，底网的前边伸出笼外140～225毫米呈圆凹状为集蛋网，为减少破损蛋，可以对底网采用较细纵线并涂塑，以增加柔性，减少产蛋时鸡蛋下滑时受到的冲击力。根据具体情况可以制作出各种尺寸的鸡笼，不管哪种，其长度要满足鸡的采食要求，每只鸡占有100～110毫米。

③鸡笼的配置：有全阶梯式、半阶梯式、重叠式、平置式。选用时应注意鸡舍的建筑形式、通风换气、饲养密度、清粪等。

全阶梯式：见图3-1。层与层之间不重叠，形成阶梯，一般为2～4层，多数采用3层。其特点是各层的裸露空间大，通风和光照充分；鸡粪直接落到地面或深沟内，便于除粪；饲养密度低。

半阶梯式：见图3-2。层与层之间有一定的重叠，重叠深

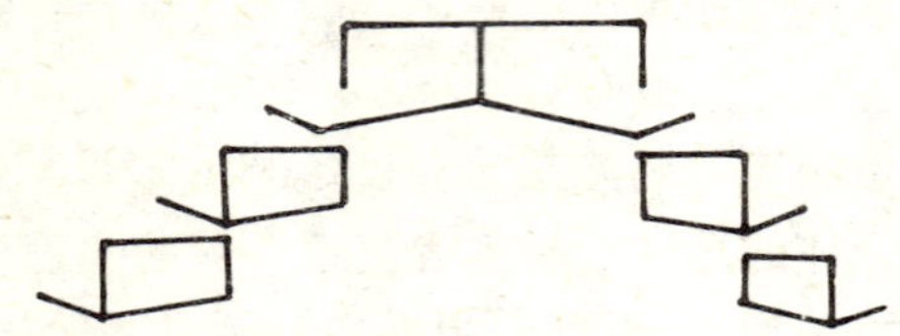

图 3-1　全阶梯式鸡笼配置

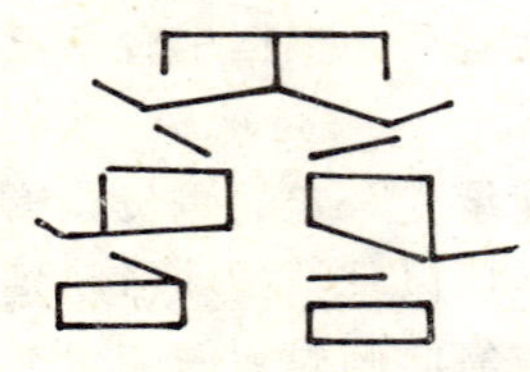

图 3-2　半阶梯式鸡笼配置

度约为 1/2 到 2/3，在重叠的两层笼之间有一侧斜度为 45 度的接粪板，以防上层鸡的粪便落到下层笼鸡的身上。其特点是饲养密度比全阶梯式高；但必须经常清粪。

叠层式：见图 3-3。层与层之间完全重叠，在每层笼底都有水平的接粪板。其特点是饲养密度提高；每天都要清粪；通风条件必须保证。

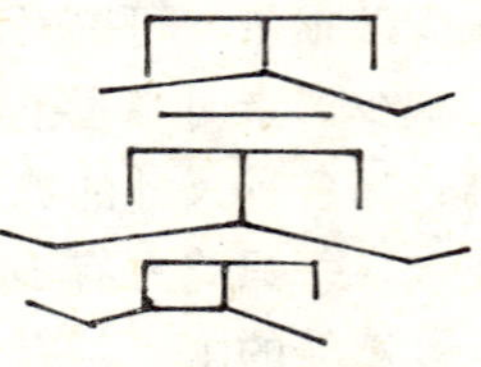

图 3-3　叠层式鸡笼配置

平置式：见图 3-4。就是以一层笼养。其特点是饲养密度最小，目前基本已淘汰。

图 3-4　平置式鸡笼配置

六、采暖设备

鸡舍的采暖设备主要用于小鸡和小群的种鸡。

1. 锅炉供暖

分为水暖和气暖。水暖是通过热水的循环进行冷热交换的，升温慢，保温时间长。气温升温快，舍内易干燥。总之通过锅炉供暖，可以实现集中供暖，温度好控制。

2. 热风炉

是利用煤为燃料的加热设备。一般用于育雏舍，尤其适合春夏季的育雏。

3. 煤炉

可以用在各种鸡舍，根据饲养密度和环境配置。

七、通风设备

鸡舍的通风方式有自然通风和机械通风。

1. 自然通风

主要是利用舍内外温度差和自然风力进行舍内外空气的交换，适用于开放式鸡舍及有窗式鸡舍。利用门窗开启的大小及鸡舍顶风帽进行自然通风。其受外界气温的影响很大，较难保证正常的通风。

2. 机械通风

是利用机械的强制作用而进行的通风，有正压和负压通风。

正压通风：利用风机向舍内送风，靠自然排风。进入鸡舍的空气一般是经过过滤的，还可以在风机口处加设降温装置。

负压通风：利用风机排气，使舍内形成负压后，再靠自然进气。又分为横向和纵向通风两种。

横向负压通风的风机和进气口都在鸡舍的侧墙上，风机在鸡舍的一侧墙上，进气口在另一侧墙上，形成贯穿式通风。其缺点是易形成通风死角。

纵向负压通风是沿鸡舍的纵轴方向进行进气和排气的，在鸡舍的一边山墙上安装风机，在另一侧设置进气口。其优点是通风均匀，能耗小，利用鸡舍的布局，不易形成通风死角。

八、饲喂设备、饮水设备

1. 饲喂设备

根据不同的饲养方式而选择。有人工料槽和料车及机械料线、塞盘式喂料机和螺旋式喂料机。

料槽的种类：

（1）船形料槽：用于平养和笼养的人工饲养。根据饲养方式和鸡群日龄的大小，可以设计成各种形状。一般以镀锌板或木头为原料，长度为1.2米左右。为防止鸡踏入槽内而弄脏饲料或刨撒饲料，可以在上边安装一根可转动的木棍或铁丝，根据鸡群数量的多少，决定食槽的数量。

（2）盘形料盘：主要用于1～10日龄的小雏鸡，一般原料为塑料，高度为1.5厘米左右，盘的直径为30～50厘米。

（3）吊桶式料槽：这种食槽较多地用于肉鸡上，但平养蛋鸡的育雏、育成期也可以用。料桶是由一个悬吊的无底圆筒和一个直径比桶底直径略大的圆盘组成，桶与盘之间用短链相连，根据鸡的大小调节料桶与盘之间的距离，使鸡正常采食，盘的直径为30厘米左右，一个吊桶式食槽可以供20只鸡使用。吊桶的高度最好与鸡背平齐。

(4) 自动喂料盘：主要用于肉鸡。是现在最先进的上料设备，目前世界上很多公司都生产这种设备。原料一般为优质塑料，料盘分为两层，根据鸡的大小调节隔栅的大小，以减少饲料浪费，饲料靠料管内的螺旋式推进器传送，它集中了料线和料盘的优点，每根有 3 米长，设有 4 个料盘，每个料盘可供 14 只鸡采食，用这种料盘可节约饲料 6 克/只·日，但投资大。

2. 饮水设备

有水槽、水杯和乳头式饮水器。水槽易被污染，而且要每天刷洗；水罐主要用于育雏期；乳头易漏水，但利于控制和杜绝污染。建议种鸡最好用乳头饮水器，有利于疾病的防治。

(1) 真空饮水器：适用于育雏期的前 2 周。由上部的圆桶和下部的水盘组成，圆桶一定不能漏气，也可以用罐头瓶代替，但要防止鸡站在瓶顶上，否则会造成盘内的水面低或没有水。

(2) 吊塔式饮水器：用于大规模的平养，对质量要求较高，否则容易漏水。

(3) V 形水槽：平养和笼养都可以用。原料是镀锌板或塑料。其制做是通过压制而成。

(4) 乳头饮水器：用于笼养和肉鸡平养上。目前很多公司都在生产饮水器，它要求制做的精度很高，否则易于流水或滴水，乳头饮水器是养禽业的趋势，利于疾病的防治。

3. 清粪设备

有日清粪的刮粪板和定期清粪的清粪机。

第四章　蛋种鸡的营养

在现代养鸡生产中，要想取得较好的经济效益，就必须抓住以下四点：选择优良的蛋种鸡良种，采取得力的防疫措施，实施科学的管理，营养平衡的全价配合饲料。前三点在其它章节中已介绍过，本章就蛋鸡饲料方面的知识加以介绍。

鸡的食物是饲料，从饲料中获取维持生长发育和生产的营养需要，如果没有或缺乏平衡有营养的全价配合饲料，鸡就无法发挥其遗传方面的潜力。为此，我们有必要了解饲料中含有哪些营养素，营养素的生理功能，缺乏症状；鸡群各阶段的营养需要；各种原料的营养成分及含量；日粮配合知识等。

一、蛋种鸡需要的营养素

饲料是家禽的食物，为家禽生长或生产提供 42 种营养素，这些营养素归纳起来有：水、蛋白质、碳水化合物、脂类、矿物质、维生素等，各种营养素在饲料中的含量不同，有的占到饲料总量的 60%～70%，有的含量只有十万分之一，虽然含量不同，但它们的作用都相当重要，不可忽视，不加或少加，都会造成鸡的营养缺乏症状。

1. 能量

能量本身不是一种营养素，而是一种营养物质的重要功能。它是维持机体生命和饲料消化利用的燃料。碳水化合物、脂肪和蛋白质是能量的主要来源。饲料能值的表达方式有多种，对家禽而言常以代谢能（ME）表示。

能量单位常以焦耳（J）、千焦（kJ）和兆焦（MJ）表示，焦耳与卡的换算公式为：

1 卡（cal）＝4.184 焦耳（J）

1 焦耳（J）＝0.239 卡（cal）

代谢能是提供家禽生命活动和物质代谢的营养物质，它与其它营养物质有一定的比例，因而应使各种营养物质与可利用能量保持平衡。配制家禽日粮时常以能量为起点。确定适宜能量水平是获得单位禽产品（增重或产蛋）最低饲料成本的关键。因此，能量变化时其它营养素也应随着变化，即日粮的能量蛋白比、能量氨基酸比及能量与其它营养素的浓度比应保持一定的比例。能量缺乏，后备鸡就会生长受阻，蛋鸡产蛋率下降等。

2. 蛋白质

蛋白质是生命的物质基础，是细胞的重要组成部分，也是禽肉、禽蛋的组成部分。蛋白质是由许多氨基酸组成的物质的总称，可以说，蛋白质的营养实质上是氨基酸的营养，组成蛋白质的氨基酸有 22 种之多，可分为必需氨基酸和非必需氨基酸。必需氨基酸必须从饲料中得到提供，对于家禽而言，必需氨基酸有 11 种，非必需氨基酸可在家禽体内合成。生产中，常规原料生产的蛋种鸡日粮，蛋氨酸、胱氨酸、赖氨酸、苏氨酸、异亮氨酸、精氨酸常常达不到营养需要，使蛋白质的营养受到限制，按它们缺乏的多少，称它们为第一、第二……限制性氨基酸。对于家禽，第一限制性氨基酸为蛋氨酸，第二限制性氨基酸为赖氨酸，因此，在配制蛋种鸡日粮时须特别注意蛋氨酸＋胱氨酸和赖氨酸的含量、比例和利用率。如果这两种氨基酸是平衡的，其它氨基酸也应该是平衡的。生产中常用合成蛋氨酸、赖氨酸来平衡日粮。如日粮中缺乏某种必需氨基酸常导致采食量减少，生长缓慢，产蛋率降低，赖氨酸不足可引起有色家禽的羽毛退色等。

3. 碳水化合物

碳水化合物是玉米、小麦等谷物的主要成分，是日粮能源的主要来源，它常以两种形式存在，一种是容易被家禽消化吸收的如淀粉、蔗糖、葡萄糖等，另一种是难于被家禽利用的，如纤维素、半纤维素、β-木聚糖、戊聚糖等，后者的含量较高时，对消化作用有不良影响。一般的蛋种鸡饲料中粗纤维含量在3%～6%，若比例增高，意味着淀粉和代谢能比例低，家禽采食量就要增加，当比例过高时，家禽的生长发育就会缓慢，产蛋量降低。粗纤维每增加1%，约使消化率降低2%，有效能降低3.5%，所以在饲料配合时应注意。

4. 脂肪和油

脂肪是由脂肪酸（分为饱和脂肪酸和非饱和脂肪酸）和甘油组成，脂肪是代谢能的最浓缩来源，脂类产热量约为37.66千焦/克（9千卡/克）、碳水化合物、蛋白质产热量约为16.74千焦/克（4千卡/克），且日粮脂类的热增耗比蛋白质和碳水化合物要低。脂类的作用是：①氧化供能；②提供必需脂肪酸（亚油酸和亚麻酸）；③提高其它成分的能量利用，即脂肪有额外生热效应；④促进脂溶性维生素的吸收；⑤提高饲料的功效，添加脂肪后提高饲料的适口性，因此有更高的能量进食量，动物的生产性能得到改善；⑥减少饲料粉尘；⑦在热应激下维持产蛋。

脂肪的生理作用决定家禽日粮中必须含适量的脂肪水

平，一般情况下，蛋雏鸡日粮中脂肪添加量为2.5%～5%，产蛋种鸡日粮中加入3%～5%即可满足需要。亚油酸和亚麻酸是家禽所必需的，但它们不能在体内合成，必需有饲料提供。日粮中亚油酸含量为饲料量的1%～1.5%，为了使鸡获得最大的蛋重，日粮中亚油酸的含量应为饲料量的1.5%～2%。谷物饲料一般含脂肪3%左右，植物油饼内含5%以上，油粕中脂肪含量低于1%。

5. 维生素

维生素存在于天然食物或饲料中，不同于蛋白质，脂肪，碳水化合物，矿物质与水，既不供给能量，也不是形成动物的结构物质。它主要功能是控制和调节代谢作用，家禽对其的需要量很少，但是它为家禽正常组织和健康发育、生长和维持所需，缺乏时会造成代谢障碍，引起发育迟缓，生产力下降，抗病力差甚至死亡等。

维生素可分为：

脂溶性维生素：维生素A、D、E、K。

水溶性维生素：维生素C和B族维生素（B_1、B_2、B_6、B_{12}、泛酸、叶酸、烟酸、生物素、胆碱）。

维生素单位：大多数维生素以每公斤日粮的毫克数表示，但维生素A、D、E、K因形式不同，生物活性也不同，是以活性单位国际单位（IU）表示的。其衡量尺度为：

1 IU 维生素A＝0.3微克维生素A醇

＝0.6微克α-胡萝卜素

＝0.55微克维生素A棕榈酸酯

1 IU 维生素D_3＝0.025微克结晶的维生素D

1 IU 维生素E＝1毫克*DL*-生育酚醋酸酯

维生素K（或甲萘醌）

表 4-1 维生素功能及缺乏症

种类	功能	缺乏症状
维生素 A	促进生长，增进视力，保护上皮组织	生长停滞，生产力下降，干眼病，衰弱，共济失调
维生素 D_3	促进钙磷吸收，调整钙磷代谢和骨骼形成	佝偻病，骨疏松，蛋壳薄，生长缓慢，种蛋孵化率低
维生素 E	生物抗氧化剂，协助保持生殖能力	生殖机能障碍，雏鸡脑软化渗出性素质，肌肉萎缩
维生素 K	促进凝血，参与氧化呼吸	肌肉粘膜出血，延迟凝血过程
维生素 B_1	参与碳水化合物和脂肪代谢	食欲丧失，多发性神经炎，致死
维生素 B_2	参与能量代谢	足趾卷曲瘫痪，四肢麻木，下痢，产蛋下降，孵化率低
泛酸	参与蛋白质、脂肪和碳水化合物代谢	消化障碍、皮炎、皮毛稀少鸡口角及脚部干痂状病变
烟酸	参与蛋白质、脂肪和碳水化合物代谢	跗关节肿大、皮肤炎，体重减轻，腹泻，舌与口腔炎症
吡哆醇	参与蛋白质代谢	亢奋，食欲不振，生长受阻神经障碍和孵化率降低
叶酸	参与蛋白质代谢和红细胞生成	生长受阻，贫血，皮毛粗糙，孵化率下降，幼禽颈部瘫痪
生物素	作为抗皮炎的要素	生长迟缓，肌软弱，后肢痉挛，鸡喙周围及眼周皮炎，鸡骨短粗，孵化率下降
维生素 B_{12}	参与蛋白质，脂肪与碳水化合物代谢，形成红细胞、动物蛋白因子	饲料蛋白质利用率下降，生长受阻，恶性贫血，胚胎期死亡
胆碱	参与脂肪代谢，传递神经信息	发育差，脂肪肝，产蛋下降，鸡骨短粗
维生素 C	在酷热环境中，有助于鸡蛋的形成	不明显

6. 矿物质

矿物质是饲料或组织中的无机部分，按家禽对日粮中需要量通常分为钙、镁、磷、钾、钠、氯、硫等常量元素和铜、铁、锰、锌、钴、碘、硒、钼等微量元素。钙、镁、磷与骨骼、蛋壳的形成、硬度有关，钙还与凝血有关，并作为细胞内传递信息的第二信使。硫、镁、磷、锌是软组织的重要组成成分；锌、氟、硅在蛋白质及脂肪形成过程中发挥着重要作用。磷、钾、钠、氯等元素通过维持细胞内外渗透压及酸碱平衡，保护细胞的完整性和细胞膜的通透性，日粮中适宜的钠、钾、氯为生长、骨骼发育，蛋壳品质和氨基酸利用所必需。铁、铜与血红蛋白形成有关，是细胞色素的组成部分，锰、锌、铜、硒是酶的必要附属因子，锌是染色体的组成要素，碘存在于甲状腺中。

在生产中，当日粮中矿物元素缺乏时，家禽常会出现一些临床症状（如表 4-2），因此，在配制家禽日粮时，一定要严格按照家禽日粮矿物元素建议量添加。

表 4-2　微量元素缺乏时的临床症状

矿物质	缺乏时症状
钙镁磷	佝偻病，骨质疏松，笼养蛋种鸡疲劳，生长不良，产蛋量下降
铜、铁	贫血，黑色和红色羽毛退色
锰	胫骨短粗，脂肪肝，产蛋量下降，蛋壳薄
锌	皮炎，胫骨短粗，生长迟缓，产蛋量下降，蛋壳质量差，孵化率降低
碘	甲状腺机能减退
镁	生长不良，惊厥，死亡
硒	渗出性素质病，肌肉萎缩或白肌病，心包积水等
钠	厌食，肌肉软弱无力，生长迟缓，严重时死亡
氯	厌食，易惊厥，生长迟缓，严重时死亡率增加

7. 水

水是动物机体的重要组成部分，它构成禽肉重量的一半以上，约为蛋重的2/3，它还是一种溶剂，参与机体代谢和体温调节。动物体内的水主要来自于饮水、饲料中的水和有机物质在体内代谢时产生的代谢水，家禽需水量受环境温度，相对湿度，日粮的成分，生长期，产蛋率及肾脏的吸水效率，采食量，饲料的形状等多种因素的影响，一般情况下，雏鸡和蛋种鸡的需水量与耗料量分别是2～2.5：1和1.5～2.0：1。家禽缺水比缺饲料更影响生产性能，夏季尤其明显。另外还要注意水的质量，因为饮水中含有大量的硫（或硫酸根）、硝酸根和各种微量元素，它们易被家禽吸收，浓度不同对家禽的影响是不同的。一般认为水质总溶固形物（TDS）＜3 000毫克/毫升的可作为家禽饮水，不会对家禽生产和免疫效果造成影响。

二、蛋种鸡的营养需要

鸡每天需要从饲料中获得其需要的42种营养素，用于维持生产和产蛋的需要，为鸡提供营养全面而均衡的日粮就显得很重要。不同品种，不同的性别，不同生理阶段，不同的环境及不同的采食量等都会造成鸡对营养需要的变化。

1. 能量需要量

能量是维持家禽生命和生产所必需的，一般情况下，鸡是以“能量”而采食的，可自行调节采食量，来维持每天的需要，低能量浓度的饲料采食量比高浓度饲料的采食量多，但不是总是调节得很精确，有时当能量采食成为限制因素时，采用较高浓度的饲料是有效的，产蛋高峰期，热应激时，都可增加能量（添加油脂）来提高日粮能量浓度，维持产蛋率和蛋重，在实际配合饲料时应注意，由于日粮中添加了油脂，其它营养素如：蛋白质、氨基酸、矿物质、微量元素和维生素也应随能量水平成比例增加，以保证家禽对关键营养素的摄入量。

（1）后备鸡的能量需要量。后备鸡的能量需要主要是用于生长和维持需要，该期是鸡一生中生长发育最迅速的时期，其骨架和体重基本上是在该期完成的，这一时期的营养很重要，在多数情况下，能量的摄入多少可能是蛋用型鸡生长的限制因素，如果氨基酸不缺乏，即1～20周龄摄入1公斤蛋白质，生长和发育似乎直接受能量摄入量的影响，白壳蛋种鸡后备母鸡到20周龄时摄入87.86兆焦（21兆卡）代谢能似乎较理想。后备鸡随着日龄的增加，体脂含量上升，其日粮中代谢能的浓度应随周龄的增大而增加，0～8周生长鸡，日粮浓度在11.9千焦/克较理想，若组成日粮的原料发生变化，能值可以变动，一般范围为10.88兆焦/公斤（2.6～2.9兆卡/公斤），不会对后备鸡生产性能产生影响，但应注意其它营养素应该随能量浓度的变化而变化，尽可能使日粮的能量与其它的营养素达到平衡。

（2）产蛋种鸡的能量需要。产蛋种鸡的能量需要包括维持需要、增重需要和产蛋需要，轻型和中型蛋种鸡每只鸡每天的代谢能需要为1 255千焦和1 506千焦，产蛋种鸡每天能量的需要量随体重变化、环境温度的不同、产蛋率的不同等有较大的差异，其中环境温度对能量采食量的影响最大。一般情况下，日粮代谢能范围在9.2～14.2千焦/公斤内，蛋种鸡的能量采食量相对恒定，不会影响产蛋和生长速度，但在炎热夏季，采食量减少，只有提高日粮能量浓度（如饲料中添加油脂）来提高能量采食量，满足其对能量的需求。

2. 蛋白质的需要量

蛋白质的营养实际上是氨基酸的营养，家禽蛋白质需要量的确定不是以日粮蛋白质的水平为基础，而是考虑氨基酸的水平，尤其是必需氨基酸的数量和可利用率。影响家禽蛋白质及氨基酸的需要量的因素主要有品种、体型、环境温度、生理（生产）阶段及日粮的能量浓度等。

（1）后备鸡的蛋白质需要量。后备鸡需要的蛋白质和氨基酸主要用于维持胴体和羽毛的生长，随着周龄和体重的增加，日粮中蛋白质和氨基酸的浓度应下降，而能量浓度提高，即在生长期内，日粮能量与蛋白质的比例应持续上升，在炎热季节，让后备鸡采食低能高蛋白日粮，不但抑制生长，还使胴体脂肪含量上升，影响成年鸡生产性能。白来航鸡 0～140 日龄，在能量满足条件下，摄入 1 公斤氨基酸平衡的蛋白质，就可正常发育。

（2）蛋种鸡的蛋白质和氨基酸需要量。蛋种鸡需要的蛋白质及氨基酸除用于维持需要、生长发育需要、羽毛生长及更新的需要外，还要用于产蛋的需要，如果鸡日粮氨基酸组成符合其营养需要的蛋白质，则蛋白质需要量就少，否则需要量就高。产蛋期轻型蛋种鸡每天需要蛋白质 17～18 克，中型蛋种鸡每天需要 18～19 克。

环境温度不影响鸡对蛋白质的需要，但在炎热天气条件下，鸡由于采食量下降，能量摄入减少，采食的蛋白质也相对地减少。因此，夏季可适当增加日粮蛋白质水平，加大日粮蛋白能量比例。在冬季应降低蛋白质水平，减少蛋白能量比。

对常规蛋种鸡日粮而言，蛋氨酸、赖氨酸、胱氨酸往往为限制性氨基酸，生产中常用市售的蛋氨酸、赖氨酸，来补充日粮中含量的不足，但若补充不当或添加过量，会造成氨基酸的不平衡，对鸡群造成危害，各种氨基酸之间必须有一定的比例，一般以赖氨酸含量为100计算。

表 4-3　蛋种鸡日粮氨基酸含量的“理想化”比例近似值及建议模式　（单位：%）

氨基酸	“理想化”比例近似值	建议模式			
		NRC 1984	Jeroch 1992	NRC 1994	Kirchgessner 1995
赖氨酸	100	100	100	100	100
蛋氨酸	—	50	43	49	44
蛋＋胱	70	—	—	—	—
精氨酸	100	107	101	82	82
异亮氨酸	75	79	94	72	76
亮氨酸	140	—	—	—	94
苯丙氨酸	130	—	—	—	58
苏氨酸	70	71	68	62	74
色氨酸	20	21	23	20	16
缬氨酸	86	—	—	—	64
组氨酸	40	—	—	—	—

3. 矿物元素需要量

矿物元素是家禽生长发育所必需的，日粮中含量过多或过少都会给家禽带来危害。过多会影响其它元素的吸收，或造成中毒，不足则造成一系列缺乏症。在日粮中其它营养素平衡的条件下。满足家禽对矿物质的需要是保证家禽最高效利用日粮中所有营养素，发挥最佳遗传品质所赋予的生产潜力。

(1) 钙、镁、磷需要量

①钙是动物体内含量最多的矿物元素，为骨骼生长和产蛋所必需，生长鸡前期钙需要量以日粮中钙含量在 0.8%～1.0%为宜，不应超过 1.2%，生长期不宜喂高钙日粮，否则容易引起一系列症状，成熟前期即 18 周至 5%产蛋率阶段，母鸡髓状骨代谢异常活跃，需钙量增加，日粮钙含量为 2%～3.5%，产蛋种鸡阶段钙需要量比生长前期高 3～4 倍，日粮中钙含量为 3%～4%，对一个鸡群来说，随着产蛋量的增加，钙的需要也增加，产蛋高峰期钙的需要量达到最高，为保证蛋种鸡在产蛋高峰期有最高的产蛋率和蛋壳强度，应使鸡每天至少采食 3.75 克的钙。高温环境饲料中钙、磷含量应提高 10%～15%。

②磷是骨骼的结构物质，机体内 80%的磷存在于骨骼中，以复合物形式与钙结合在一起。目前蛋种鸡后备鸡磷需要量方面的研究很少，一般认为，钙磷比值在 1～2.2∶1 之间较好。最高不超过 2.5∶1，研究报道，后备鸡日粮中非植酸磷含量不应低于 0.4%，否则生长发育受阻，但接近性成熟时日粮中有效磷含量可适当降低些。

成年蛋种鸡磷方面的研究较多。研究表明，当蛋种鸡日粮中钙含量为 3.5%时，配合 0.30%～0.35%的有效磷日粮，对产蛋率和蛋壳质量效果较好。产蛋种鸡日粮的钙/磷比宜在 5.0～6.5∶1 左右。植物中的磷大多为植酸磷，不能被家禽利用，故配制无动物蛋白的日粮时，应考虑磷的利用性。

③镁：日粮含镁 500～600 毫克/公斤就能满足家禽生长、生产和繁殖的需要，一般家禽日粮中含镁量足够，不用添加。高镁日粮抑制育成鸡的生长，骨骼中灰分含量下降，母鸡日

粮中镁超过0.7%时，排粪极稀。高于1%时影响产蛋，但若提高日粮中铜、磷水平，同时也应提高小鸡日粮中镁的含量。

（2）钠、钾、氯的需要量　钠（Na）、钾（K）、氯（Cl）是维持体内酸、碱平衡，渗透压平衡并参与水代谢的电解质，它们其一的缺乏与过量都会造成酸、碱失衡，影响机体正常发育。鸡日粮中食盐含量宜为0.37%（0.3%～0.4%），若食盐过多过少都会造成酸碱失衡，采食量减少，生长受阻，产蛋性能和产蛋率降低等。雏鸡日粮食盐达2%，成鸡日粮食盐达4%即可中毒死亡。

（3）微量元素的需要量　家禽常需的微量元素有铜（Cu）、铁（Fe）、锰（Mn）、锌（Zn）、碘（I）、钼（Mo）、钴（Co）、钒（V）、硅（Si）、氟（F）、铬（Cr）等，它们的需要量虽然很少，但不可缺乏，一般饲料中，铜、钼、铁的含量多于动物需要量，可不添加，其余必须添加。钴可由维生素B_{12}补充，钒、硅、氟、铬等家禽的最佳需要量和饲料中应该添加多少还没有确切的试验数据，一般不额外添加，现将家禽最常用的铜、铁、锰、锌、硒、碘、钴、钼的最低需要量、常规日粮含量及耐受量、最大安全量列于表4-4。由表可见家禽对微量元素的需要量与中毒量之间相差很大，因用量少，生产中一般将微量元素制成预混料加入日粮中，方法是将各育种公司提供的动物需要量作添加量，原饲料中含量作一个安全量来考虑。

一般而言，产蛋种鸡对微量元素的需要量比产蛋鸡略高一些，与生长鸡相比，除锌元素需求量大一些外，其它相差不多，生产中通常制定一个通用标准。

表 4-4 鸡对微量元素的需要量及耐受量（毫克/公斤）

元素	家禽最低需要量	常规日粮含量	耐受量	最大安全量 BASF 公司	中毒量
铜	3～5	10～20	200～500	300	324
铁	50～80	60～80	1000～2000	1000	
锰	50～60	20～25	1000～1500	1000	
锌	40	25～30	1000～2000	1000	3000
硒	0.1～0.3	0.1	2～5	4	10
碘	0.3～0.7	缺乏	40～50	300	625
钴	0.1	缺乏	3～5	20	5
钼	0.2	—	50～200	100	300

4. 维生素需要量

天然饲料中都含有维生素，但其生物学利用率较低，且很快进行生物学降解。日粮组成不同，维生素含量也不同，要满足家禽需求，必须添加维生素，家禽对维生素的需要量是接近防止临床缺乏症出现的最低需要量，虽然家禽此时表现正常，但生产性能并非最佳，供给量是指能保证家禽发挥最佳生产潜力，表现最好的生产性能，健康状况良好，有抗病力以及在动物体内有足够的储备，表 4-5 是家禽在不同的饲养条件下对维生素的需要增加量。

一般而言，种母鸡对维生素的需要量和生长鸡相比，维生素 A、D、E，核黄素，泛酸，吡哆醇和叶酸的需求量远远高于生长鸡和产蛋鸡，这是由于这些维生素不但要满足种母鸡产蛋的需要，而且还应有足够的数量储存于种蛋内，以备孵化时胚胎发育和育雏初期的需要。

生产中，因维生素用量少，往往是将维生素制成预混料，其方法是将饲料原料中的维生素作安全量不予考虑，按照各育种公司推荐的维生素营养水平数值作为添加量来生产维生素预混料，考虑到维生素的稳定性，加5%～10%的保险系数。但如盲目的增加其用量，会造成家禽中毒，日粮中的维生素添加量并不是多多益善，应引起重视。

表4-5　在不同饲养条件下家禽对维生素需要量增加的比例

饲养条件	受影响的维生素	需要量增加（%）
饲料成分	各种维生素	10～20
环境温度	各种维生素	20～30
舍饲笼养	维生素K、B族	40～80
压制颗粒饲料	维生素A、D、E、K、B_1、C，叶酸，泛酸	10～20
未应用抗氧化剂	维生素A、D、E、K	100
过氧化物、脂肪	维生素A、D、E、K	100
蛔虫、线虫、球虫	维生素A、K等	100

5. 应激时家禽对营养的需要

家禽的应激因子归纳起来有：温度、免疫、饲料变更、营养素缺乏等，各种应激的表现多为采食量降低，现主要将温热环境对鸡的影响介绍如下：

鸡适宜的温度为13～26℃，环境温度升高，鸡采食量会下降，实际生产中，环境温度在25～34℃之间，温度每增加1℃，采食量少1～1.5克/天，从32～36℃，温度每升高1℃，采食量降低4.2克/天，采食量的下降，导致进食的能量、蛋白质、微量营养素都相应减少，而鸡本身对营养素的需要并没有减少，因此，应通过提高日粮营养素的浓度来满足，同时还需注意饮水的数量和质量，水应新鲜，清凉水温低于18℃。

热应激时应采取以下措施：

（1）补充维生素C，降低热应激。日粮中添加100～200毫克/公斤即有较好效果，公鸡日粮中添加维生素C后，精液量和品质都相应提高。

（2）补充微量营养素或小苏打。在日粮中补充维生素B_2、B_{12}，泛酸，叶酸，生物素和钾，钙，磷，镁，钠等，可以帮助应激状态下代谢正常进行。

（3）添加油脂。在日粮代谢能不变的情况下，添加油脂会明显改善热应激状态下家禽的生产性能。

（4）添加杆菌肽锌。在高温下，添加杆菌肽锌可大幅度的提高蛋鸡的生产性能。

（5）应激驯化。

（6）饥饿训练。

6. 种公鸡的营养需要

（1）后备期种公鸡的营养需要。许多研究表明，既能满足小公鸡的生长发育需要，又不影响种公鸡后期繁殖性能的营养水平为：代谢能为11.67～12.13兆焦/公斤（2.79～2.9兆卡/公斤），蛋白质育雏期为16％～18％，育成期为12％～14％，氨基酸、钙、磷、微量元素、维生素的营养需要量几乎等同于蛋用型后备母鸡需要量，生产中常常使用后备母鸡饲料。

（2）繁殖期种公鸡的营养水平。能量和蛋白质的需要：生产中，作人工授精的公鸡，多使用种母鸡的饲料，但许多研究表明，繁殖期种公鸡的营养需要量比种母鸡低。蛋用型种公鸡采用代谢能为10.88～12.13兆焦/公斤（2.6～2.9兆卡

/公斤)，粗蛋白质为12％～14％的饲粮，对繁殖性能无不良影响，且体况维持较好。但对于采精频率高的种公鸡，应提高其日粮蛋白质水平，一般采用粗蛋白质为12％～14％的日粮。只要日粮氨基酸平衡，不必再往日粮中添加任何动物蛋白质饲料，否则不但造成浪费，还适得其反。

钙、磷的需要量：研究报道繁殖期种公鸡对钙的需求量低于种母鸡，一般为1.0％～3.7％，实践中建议日粮钙含量为1.5％，总磷需要量为0.65％～0.8％。

微量元素的需要量：生产中一般使用种母鸡对微量元素的需要量，实践证明不影响繁殖性能。

维生素的需要量：实践证明，采用高出NRC 2～10倍需要量，按各育种公司提供的种鸡维生素需要量生产，即可满足繁殖性能的需要。

7. 饲料营养标准

饲料营养标准简单的说就是满足供应畜禽在一定的饲养环境条件下生长发育和生产所需要的营养素。NRC是当今动物营养最有权威的营养标准，它提供的营养需要为最低营养需要，在生产中应加5％～10％的安全系数。各蛋种鸡育种公司在向市场提供自己的新品种蛋种鸡时，为保证该品种的生产潜力得到充分发挥，往往提供一个较高的饲料营养推荐标准，现将NRC标准及北京市种禽公司提供的蛋种鸡营养标准介绍如下：

表 4-6　美国 NRC 1994 年版家禽营养需要标准后备来航型蛋鸡的营养需要　（%，公斤）

	白壳蛋鸡				褐壳蛋鸡			
	0～6 周	6～12 周	12～18 周	18～开产	0～6 周	6～12 周	12～18 周	18～开产
能量（兆卡）	2.85	2.85	2.90	2.90	2.8	2.8	2.85	2.85
粗蛋白质	18	16	15	17	17	15	14	16
精氨酸	1	0.83	0.67	0.75	0.94	0.78	0.62	0.72
甘＋丝	0.70	0.58	0.47	0.53	0.66	0.54	0.44	0.50
组氨酸	0.26	0.22	0.17	0.20	0.25	0.21	0.16	0.18
异亮氨酸	0.6	0.5	0.4	0.45	0.57	0.47	0.37	0.42
亮氨酸	1.1	0.85	0.7	0.8	1.0	0.8	0.65	0.75
赖氨酸	0.85	0.6	0.45	0.52	0.8	0.56	0.42	0.49
蛋氨酸	0.3	0.25	0.2	0.22	0.28	0.23	0.19	0.21
蛋＋胱	0.62	0.52	0.42	0.47	0.59	0.49	0.39	0.44
苯丙氨酸	0.54	0.45	0.36	0.4	0.51	0.42	0.34	0.38
苯丙＋酪氨酸	1.0	0.83	0.67	0.75	0.94	0.78	0.63	0.7
苏氨酸	0.68	0.57	0.37	0.47	0.64	0.53	0.35	0.44
色氨酸	0.17	0.14	0.11	0.12	0.16	0.13	0.1	0.11
缬氨酸	0.62	0.52	0.41	0.46	0.59	0.49	0.38	0.43
亚油酸	1.0	1.0	1.0	1.0	1.0	1.0	1.0	1.0
钙	0.9	0.8	0.8	2.0	0.9	0.8	0.8	1.8
有效磷	0.4	0.35	0.3	0.32	0.4	0.35	0.3	0.35
维生素 A（IU）	1500	1500	1500	1500	1420	1420	1420	1420
维生素 D_3（IU）	200	200	200	300	190	190	190	280
维生素 E（IU）	10	5	5	5	9.5	4.7	4.7	4.7

续表 4-6

	白壳蛋鸡				褐壳蛋鸡			
	0～6周	6～12周	12～18周	18～开产	0～6周	6～12周	12～18周	18～开产
维生素 K_3（mg）	0.5	0.5	0.5	0.5	0.47	0.47	0.47	0.47
维生素 B_1（mg）	1	1	0.8	0.8	1	1	0.8	0.8
维生素 B_2（mg）	3.6	1.8	1.8	2.2	3.4	1.7	1.7	1.7
维生素 B_6（mg）	3	3	3	3	2.8	2.8	2.8	2.8
维生素 B_{12}（mg）	0.009	0.003	0.003	0.004	0.009	0.003	0.003	0.003
泛酸（mg）	10	10	10	10	9.4	9.4	9.4	9.4
烟酸（mg）	27	11	11	11	26	10.3	10.3	10.3
生物素（mg）	0.15	0.1	0.1	0.1	0.14	0.09	0.09	0.09
叶酸（mg）	0.55	0.25	0.25	0.25	0.52	0.23	0.23	0.23
胆碱（mg）	1300	900	500	500	1225	850	470	470
锰（mg）	60	30	30	30	56	28	28	28
锌（mg）	40	35	35	35	38	33	33	33
铁（mg）	80	60	60	60	75	56	56	56
铜（mg）	5	4	4	4	5	4	4	4
碘（mg）	0.35	0.35	0.35	0.35	0.33	0.33	0.33	0.33
硒（mg）	0.15	0.1	0.1	0.1	0.14	0.1	0.1	0.1
钾（%）	0.25	0.25	0.25	0.25	0.25	0.25	0.25	0.25
钠（%）	0.15	0.15	0.15	0.15	0.15	0.15	0.15	0.15
氯（%）	0.15	0.12	0.12	0.15	0.12	0.11	0.11	0.11
镁（mg）	600	500	400	400	570	470	370	370

表 4-7　美国 NRC 1994 年版来航型产蛋鸡的营养需要

（单位：%）

	白壳蛋鸡	白壳种鸡	褐壳蛋鸡
采食量（克）	100	100	110
产蛋率（%）	90	90	90
能量（兆卡/公斤）	2.9	2.9	2.9
粗蛋白质	15	15	16.5
精氨酸	0.7	0.7	0.77
组氨酸	0.17	0.17	0.19
异亮氨酸	0.65	0.65	0.715
亮氨酸	0.82	0.82	0.9
赖氨酸	0.69	0.69	0.76
蛋氨酸	0.3	0.3	0.33
蛋＋胱	0.58	0.58	0.645
苯丙氨酸	0.47	0.47	0.52
苯丙＋酪氨酸	0.83	0.83	0.91
苏氨酸	0.47	0.47	0.52
色氨酸	0.16	0.16	0.175
缬氨酸	0.7	0.7	0.77
亚油酸	1.0	1.0	1.0
钙	3.25	3.25	3.6
有效磷	0.25	0.25	0.275
维生素 A（IU）	3000	3000	3300
维生素 D_3（IU）	300	300	330
维生素 E（IU）	5	10	5.5
维生素 K_3（mg）	0.5	1.0	0.55
维生素 B_1（mg）	0.7	0.7	0.8
维生素 B_2（mg）	2.5	3.6	2.8
维生素 B_6（mg）	2.5	4.5	2.8
维生素 B_{12}（mg）	0.004	0.008	0.004
泛酸（mg）	2	7	2.2
烟酸（mg）	10	10	11
叶酸（mg）	0.25	0.35	0.28

续表 4-7

	白壳蛋鸡	白壳种鸡	褐壳蛋鸡
生物素（mg）	0.1	0.1	0.11
胆碱（mg）	1050	1050	1150
铜（mg）	—	—	—
铁（mg）	45	60	50
锰（mg）	20	20	22
锌（mg）	35	45	39
碘（mg）	0.035	0.1	0.04
硒（mg）	0.06	0.06	0.06
钾（%）	0.15	0.15	0.165
钠（%）	0.15	0.15	0.165
氯（%）	0.13	0.13	0.145
镁（mg）	500	500	550

表 4-8　京白种鸡建议营养水平

（每公斤饲料含量）

	0～8 周	9～17 周	18～20 周	种蛋鸡
代谢能（兆卡）	2.85	2.8	2.75	2.75
粗蛋白（%）	19	15.5	16.5	17.5（16）
钙（%）	1.0	0.8	2.0	3.5（3.7）
有效磷（%）	0.45	0.37	0.37	0.42（0.38）
蛋氨酸（%）	0.38	0.33	0.33	0.35（0.32）
赖氨酸（%）	1.0	0.74	0.75	0.83（0.8）
精氨酸（%）	1.05	0.89	0.83	0.97（0.92）
蛋＋胱（%）	0.72	0.58	0.58	0.65（0.6）
色氨酸（%）	0.17～0.2	0.17～0.2	0.16	0.18（0.17）
维生素 A（IU）	12000	7500	7500	12000
维生素 D_3（IU）	2000	2000	2000	3000
维生素 E（mg）	40	20	20	40
维生素 K_3（mg）	2.0	1.5	1.5	2
维生素 B_1（mg）	2	1.5	1.5	2

续表 4-8

	0~8 周	9~17 周	18~20 周	种蛋鸡
维生素 B_2（mg）	4	2	2	6
维生素 B_6（mg）	3	3	3	3
维生素 B_{12}（mg）	0.02	0.01	0.01	0.015
泛酸（mg）	8	6	6	10
烟酸（mg）	20	15	15	30
叶酸（mg）	0.25	0.25	0.25	0.67
生物素（mg）	0.1	0.05	0.05	0.1
胆碱（mg）	500	400	400	500
锰（mg）	60	60	60	60
锌（mg）	50	50	50	50
铁（mg）	40	40	40	40
铜（mg）	8	8	8	8
钴（mg）	0.1	0.1	0.1	0.1
碘（mg）	0.5	0.5	0.5	0.5
硒（mg）	0.2	0.2	0.2	0.2
钠（mg）	0.15	0.15	0.15	0.15

注：表内括号中的数据为产蛋后期使用的数据。

表 4-9　种禽褐父母代种鸡建议营养水平

（每公斤饲料含量）

周龄	0~8	8~14	14~16	16~18	19~40	41~60	>60
终体重（克）	至 700	1300	1500	1600			
采食量（克）					110	110	110
代谢能（兆卡）	2.95	3.00	2.9	3.0	2.8	2.8	2.75
粗蛋白（%）	19.5	16.5	15.5	16.5	17.0	16.5	16.0
钙（%）	1.0	1.0	1.0	2.25	3.75	3.7	3.5
有效磷（%）	0.45	0.4	0.4	0.4	0.45	0.35	0.3
蛋氨酸（%）	0.45	0.35	0.32	0.35	0.33	0.32	0.29
赖氨酸（%）	1.1	0.75	0.65	0.75	0.8	0.74	0.65
精氨酸（%）	1.15	0.95	0.85	0.95	0.96	0.95	0.9

续表 4-9

周龄	0～8	8～14	14～16	16～18	19～40	41～60	>60
终体重（克）	至 700	1300	1500	1600			
采食量（克）					110	110	110
蛋＋胱（％）	0.8	0.68	0.6	0.68	0.68	0.57	0.5
色氨酸（％）	0.2	0.15	0.14	0.15	0.17	0.15	0.14
维生素 A（IU）	12000	8800	8800	8800	12000	12000	12000
维生素 D_3（IU）	2200	2200	2200	2200	3000	3000	3000
维生素 E（mg）	40	20	20	20	40	40	40
维生素 K_3（mg）	2	2	2	2	5	5	5
维生素 B_1（mg）	1.6	1.6	1.6	1.6	2.2	2.2	2.2
维生素 B_2（mg）	4.4	4	4	4	6.6	6.6	6.6
维生素 B_6（mg）	1.6	1.6	1.6	1.6	4.4	4.4	4.4
维生素 B_{12}（mg）	0.1	0.1	0.1	0.1	0.1	0.1	0.1
泛酸（mg）	8	8	8	8	11	11	11
烟酸（mg）	27.5	27.5	27.5	27.5	33	33	33
叶酸（mg）	0.55	0.55	0.55	0.55	0.9	0.9	0.9
生物素（mg）	0.1	0.1	0.1	0.1	0.17	0.17	0.17
胆碱（mg）	500	500	500	500	500	500	500
锰（mg）	66	66	66	66	66	66	66
锌（mg）	66	66	66	66	66	66	66
铁（mg）	33	33	33	33	66	66	66
铜（mg）	6	6	6	6	9	9	9
碘（mg）	0.9	0.9	0.9	0.9	0.9	0.9	0.9
硒（mg）	0.3	0.3	0.3	0.3	0.3	0.3	0.3
氯化钠（mg）	0.37	0.37	0.37	0.37	0.37	0.37	0.37

三、饲料原料与日粮配制技术

1. 饲料原料

饲料是家禽业生产的原料，是供给家禽所需营养素和有助于营养素利用的物质。饲料原料的品种很多，营养素、抗营养因子及其含量差别很大，由于单一饲料原料中的营养物质很少能满足家禽的营养需要，只有将几种饲料原料进行搭配才能配合一个合理的平衡日粮，这就要充分了解各种饲料原料的特征和品质。

（1）能量饲料：按国际分类原则，凡饲料中含纤维素低于18%，蛋白质含量低于20%的饲料都属于能量饲料，常见的有：

谷物籽实类饲料：如玉米、高粱、小麦、稻谷、大麦等，这类饲料的干物质消化率高，无氮浸出物高达70%～80%，纤维灰分含量低，可利用能高，一般在12.55兆焦/公斤（3兆卡/公斤）以上，但蛋白质含量低，一般在8%～12%之间，且蛋白质品质差，单一使用满足不了家禽的需要，需与蛋白质饲料配合使用。

玉米：是鸡日粮中的主要能量饲料，用量不受限制，一般占50%～70%，玉米不宜整粒饲喂，需要破碎，粒度大小依鸡日龄大小而定，但不宜成粉面。

高粱：因其种皮中含单宁，具有苦涩味，影响畜禽的适口性，降低能量和氨基酸的利用率，故用量受到限制，一般日粮中用5%～15%的高粱，不会对鸡产生毒害作用。使用高单宁的日粮，注意添加0.15%蛋氨酸或0.25%小苏打，来克服单宁的不良作用。

小麦：主要用于人类食用，很少用于鸡饲料，饲料中若使用小麦，要注意生物素的添加量。

稻谷：代谢能低于玉米，且粗纤维较高，家禽的适口性差，消化率低，在日粮中一般占10%～20%，不宜太高。

大麦：代谢能低，粗纤维高，用量受限制，中雏后备鸡日粮可含15%～30%，蛋种鸡日粮可用10%左右。

谷物籽实类加工副产品：主要指米糠，麦麸次粉。糠麸类饲料粗纤维高（9%～14%），蛋白质含量一般为12%～16%，粗灰分含量高于原粮，钙磷比例不平衡，含磷特别高，近1%左右，但因为以植酸磷形式存在，家禽对植酸磷利用率较低（15%～30%），B族维生素含量高。

麦麸：粗蛋白质含量13%～15%，粗纤维含量在9%左右，代谢能6.53兆焦/公斤（1.56兆卡/公斤），在日粮中的用量为5%～8%，后备鸡用量可占日粮的15%～25%。

次粉：较麸皮蛋白质含量低，粗纤维含量在3.5%以下，代谢能值为11.92兆焦/公斤（2.85兆卡/公斤），日粮中用量可比麸皮多。

米糠：统糠去掉稻壳部分即为米糠，米糠中含不饱和脂肪酸高，易腐败变质，不易储藏，后备鸡和蛋种鸡日粮中可搭配5%～25%。

油脂：包括动物油脂和植物油脂，是能量饲料中含能量最高的，日粮中一般添加3%～5%即可获得满意的效果。

块根茎饲料：指甘薯、土豆、木薯等，属于高能量饲料，晾干后的块根茎干粉，能量与谷物籽实类相似，由于产量的限制，很少用于饲料中。

(2) 蛋白质饲料：指饲料干物质中蛋白质含量在20%以上，粗纤维少于18%的饲料，它是生产全价平衡日粮的关键原料，鸡日粮中一般用量为10%～35%。

动物蛋白质饲料：是一类蛋白质含量高（一般在50%）以上，且蛋白质品质好的饲料，包括鱼粉、肉骨粉、血粉、羽毛粉、蚕蛹、蛆蛹及乳清粉等。

鱼粉种类很多，蛋白质含量高，但多少不一，应注意质量，等外品最好不用，尽管鱼粉中含有未知生长因子，维生素 B_{12}含量高，由于鱼粉脂肪中含有腥味物质，日粮中鱼粉含量不应超过 10%，饲料中鱼粉含量过高，会使鸡发生肌胃糜烂。

肉骨粉因加工原料不同，蛋白质、钙、磷含量变化很大，蛋白质一般可达 45%～55%，家禽日粮中可搭配 5%左右。

血粉含蛋白质可高达 80%，赖氨酸高，但蛋氨酸、异亮氨酸含量低，血粉的适口性差，日粮中含量应控制在 3%以下。

羽毛粉蛋白质含量高，一般在 80%以上，但品质差，利用率低，适口性差，日粮中用量多会影响家禽的生长和饲料报酬，用量应控制在 3%以下。

蚕蛹粉蛋白质含量高，质量好，但资源有限，若供应量充足，在日粮中的含量可控制在 5%左右。

乳清粉营养丰富，含有未知生长因子，因产量限制，很少应用到蛋种鸡日粮中。

植物性蛋白原料：主要指饼粕类饲料，是油料作物籽实提取油后的残渣。

大豆饼粕是饼粕类中最好的一种，是主要的植物性蛋白质饲料来源，蛋白质含量豆粕为 43%～47%，豆饼为 39%～43%，蛋白质品质较好，赖氨酸含量在 2.5%～2.9%之间，蛋氨酸含量较低，由于豆饼粕中含有一定量的抗营养因子，在饲料中使用时含量控制在 10%～35%。

棉仁饼粕蛋白质含量一般在 33%～40%之间，蛋白质品质较豆饼粕差，氨基酸利用率较低，因棉仁饼粕中含有一定量的棉酚素，导致动物缺铁或蛋黄变色，家禽采食一定量的棉酚后，会发生中毒，家禽日粮中的棉仁饼粕含量应严格控制在3%～7%之内。在使用棉仁饼粕时，一定要注意在日粮中增加铁的含量，在种鸡日粮中不宜使用棉仁饼粕。

菜籽饼粕中蛋白质和氨基酸含量、代谢能均低于豆饼粕，与棉仁饼粕相似，蛋白质含量约为33%～38%，氨基酸利用率约为70%，代谢能仅为7.11～8.37千焦/公斤，菜籽饼粕中含有一定量的抗营养因子，蛋种鸡日粮中的用量应低于5%。

花生饼粕蛋白质含量在40%以上，但蛋白质品质较差，优点是精氨酸含量高，由于在储藏过程中容易感染黄曲霉菌，在配制饲料时应严格控制质量，在饲料中的含量不超过5%～10%。

葵花籽饼粕：没有去壳的葵花籽饼粕因纤维素含量高，能值低，不宜用于家禽，部分去壳的葵花籽饼粕可以作为日粮的蛋白质饲料，饲料中用量应在5%以下，最高不超过7%，在配制时必须用氨基酸加以平衡，在雏鸡日粮中建议不要使用。

芝麻饼粕蛋白质含量在42%左右，其中蛋氨酸含量高，赖氨酸含量低，如果与豆饼粕配合使用，可使氨基酸产生互补效应，在日粮中用量控制在5%以下，雏鸡日粮中最好少用或不用。

胡麻饼粕蛋白质含量一般在32%～34%之间，赖氨酸含量较低，蛋白质及氨基酸消化率也不高，因胡麻饼粕中也含有一定量的抗营养因子，在使用时最好与其它饼粕混用，鸡日粮中使用量最好在5%左右，最多不超过10%。

膨化饲料：主要指膨化全脂大豆和膨化全脂菜籽，蛋白品质、适口性和消化率都较好。试验表明，鸡群日粮中的豆饼粕和植物油可用膨化全脂大豆取代，菜籽饼粕和植物油可用膨化菜籽取代，生产性能不受影响，在日粮成本允许的情况下，其用量不受限制。

另外，还有最近开发利用的蛋白质饲料，如玉米蛋白粉和豆类蛋白粉，它们的能值都比饼粕类高，消化率也较好。

(3) 矿物质饲料。矿物质饲料是家禽生长发育不可少的营养素，日粮中除钾、硫、镁含量丰富，不需添加外，钙、磷、钠、氯常量元素和铜、铁、锰、锌、碘、硒、钴等微量元素满足不了家禽生长和产蛋需要，必须添加。

常用的矿物质饲料有：

钙饲料：如石灰石粉、蛋壳粉、贝壳粉等，钙含量在33%～38%之间，专为补充钙而添加。

钙磷饲料：如骨粉、磷酸氢钙、磷酸钙等，主要作为磷的来源，在补充磷的同时，钙也得到补充。

食盐：用来补充日粮中的氯元素。

微量元素补充料：铜、铁、锰、锌一般用饲料级的硫酸盐来补充，碘、硒、钴用碘化钾、亚硒酸钠、硫酸钴等来补加。

(4) 维生素饲料。常用的维生素补充料有合成单项的维生素商品，生产中若购买单一维生素自己配制时，一定要注意各种维生素的有效活性、含量和稳定性，若使用市售禽用复合多维，按说明添加或增加5%～10%的保险系数。

(5) 氨基酸添加剂。动物的蛋白质营养，实际上是氨基酸的营养，鸡常规日粮中的氨基酸含量，往往满足不了鸡的营养需要，成为限制性氨基酸，饲料中必须添加，常用的有：

D-蛋氨酸，*L*-赖氨酸盐酸盐等。

（6）非营养性添加剂。非营养性添加剂并不是动物所必需的，日粮中不一定添加，可根据实际情况或生产需要添加，其种类有：具有抗病促进生长的抗生素，如：杆菌肽锌、泰乐菌素等；促进家禽生长改善饲料效率的合成抗菌药，如：喹乙醇、阿散酸等；抗球虫药蠕虫剂；抗氧化剂防霉剂和着色剂、调味剂等。

2. 饲料配合技术

家禽的食物是饲料，饲料质量的好坏直接关系着生长与生产，因此，营养全面而均衡的日粮就是家禽的首选食物，在配制配合日粮时，首先要根据家禽对各种营养素的需要而制定饲养标准（或营养需要），其次，根据原料营养成分实测值，参考常用饲料原料营养成分表设计配方，最后进行产品加工。

（1）饲养标准。生产中采用的标准有我国制定的鸡饲养标准和美国 NRC 标准，各蛋鸡育种公司推荐的饲养标准，兼顾到群体间个体差异及原料来源不同，使用时常常增加 5%～10%的安全系数，鸡是以能量采食，饲料的能量浓度高低，直接影响到家禽的每日平均进食量，饲粮的能量浓度高时采食量就少，能量浓度低时，采食量就多，但在特殊情况下，如高温、免疫应激或鸡群状况欠佳时，鸡群采食量明显下降，采食的能值满足不了营养需要，为了满足鸡群的需要，常常提高饲粮能量浓度，有时生产中为了合理利用原料，也不得不采取低能量浓度饲粮，这时生产性能可能不及高能量的饲粮，但从经济效益分析较好。

（2）常备原料的实测与常用饲料营养成分表。家禽的配合日粮是由数种原料按不同比例配制的，在确定了饲料的营养标准后，计算配方前，还要对现有原料的营养成分进行检测。生产中的常用原料有玉米、麸皮、次粉、米糠等能量饲料，豆饼粕、棉仁饼粕、葵花饼粕等杂饼粕、鱼粉等蛋白质饲料，还有石粉、贝壳粉、骨粉或磷酸氢钙等矿物质饲料，这些饲料由于来源不同，每次使用前，都应进行常规项目和卫生指标的测定，只有原料的营养参数真实可靠，计算的配方和生产的配合饲料才能有预期的效果，生产中由于受人力、财力、物力等条件的限制，一般不对原料进行氨基酸含量及利用率进行检测，而是根据这些原料的实测值，参考科研单位发表的饲料原料分析成分表，给以一定量的安全系数来进行配合饲料的设计，表 4-10 是几种常用原料的有效氨基酸含量表。

表 4-10 几种常用饲料有效氨基酸的含量

（单位：%）

饲料	蛋白质	蛋氨酸	胱氨酸	赖氨酸	色氨酸	苏氨酸	异亮氨酸	精氨酸	苯丙氨酸
玉米	8.6	0.15	0.12	0.17	0.07	0.25	0.24	0.40	0.38
麸皮	14.8	0.14	0.18	0.42	0.20	0.30	0.36	0.60	0.42
次粉	17.0	0.11	0.12	0.43	0.15	0.29	0.50	0.72	0.45
菜籽饼	36.0	0.48	0.23	1.01	0.30	0.92	1.16	1.50	1.12
棉仁粕	41.0	0.42	0.54	0.98	0.38	0.84	1.18	3.68	1.89
棉仁饼	40.0	0.35	0.40	0.89	0.31	0.74	1.13	3.42	1.67
豆粕	44.0	0.59	0.62	2.44	0.52	1.55	2.44	3.18	2.04
豆饼	42.0	0.46	0.52	2.00	0.46	1.31	2.01	2.76	1.59
花生粕	46.0	0.31	0.52	1.18	0.37	1.71	1.48	3.33	2.30
葵花籽粕	41.0	0.83	0.52	0.94	0.51	1.30	1.66	3.18	1.74
带壳葵花籽粕	36.0	0.66	0.44	0.80	0.39	1.04	1.31	2.80	1.50
秘鲁鱼粉	64.0	1.78	0.52	4.56	0.68	2.48	2.80	3.20	2.20

（3）饲粮配方的计算方法。饲料配方是配合日粮生产的核心技术，一个优秀的饲料配方，不仅要满足畜禽对主要营

养成分的需要，而且应该是成本最低或收益最大。目前，大多数饲料厂均已采用计算机来设计饲料配方，这种方法的优点是快速、准确，优化功能强。但大多数养殖户和个体饲料厂不具备计算机的条件，仍采用传统的手工计算方法。如对角线法、公式法和试差法。其方法是：在饲养标准基础上，利用各种原料的配合来满足畜禽对主要营养成分如：能量、蛋白质、氨基酸、钙磷、食盐的需要，但对饲料成本的考虑很少，不能保证饲料生产获得最大的经济效益。

公式法和试差法实质上是找出两种饲料含有一种营养素，如蛋白质（或蛋氨酸＋胱氨酸或赖氨酸）的组合，其详细方法步骤请参考杨宁主编《现代养鸡生产》等其它有关饲料营养方面书籍。

计算饲料配方时的注意事项：

①饲养标准中所列的 42 种营养素，不必一一计算，饲料配方只计算代谢能、粗蛋白、蛋氨酸、蛋氨酸＋胱氨酸、赖氨酸和钙、磷水平，同时考虑饲料中能量与其它营养素的比例。微量元素、维生素配制成预混料按一定比例添加到饲料中。

②对饲养标准增加的保险系数，实际上是增加氨基酸的量。

③饲粮总磷中至少应含 30%的无机磷。

④饲粮中的钠、氯含量不作计算，一般加 0.37%左右的食盐。

⑤饲粮中使用的能量饲粮，玉米一般不作限量，米糠可视其质量决定用量，一般质量的米糠建议用量不超过 10%，精米糠可用量稍大些，麦麸用量不宜超过 20%～25%，雏鸡、产蛋种鸡饲粮中可少用，生长鸡可适当多些。

⑥用作平衡饲粮蛋白质水平的蛋白质饲料，豆饼粕用量

一般不作限制，其它杂饼粕建议使用量应低于5%～7%，雏鸡日粮最好不用，另外日粮中，使用杂饼粕时，必需氨基酸水平应加一个安全系数。动物蛋白质饲料并不是饲粮的必需组成部分，只要日粮中氨基酸平衡，维生素B_{12}充足，可以不加。

⑦饲粮中的矿物质饲料：石粉在生长鸡日粮中含量约为0.6%～1.0%，产蛋鸡日粮中约为8%，骨粉、磷酸氢钙用量可视磷的含量而定，一般为1.5%～2.5%。

⑧饲料成本：一个好的饲料配方，不仅各项营养指标满足营养需要，成本应该是最低的，生产实践证明，合理利用蛋白资源，可大大降低饲料成本。

（4）配合饲料的加工。配合饲料是由数种原料按不同的比例进行配合的，它的质量好坏，不仅取决于原料质量和饲料配方，同样也取决于成品饲料的加工质量，饲料加工是生产配合饲料的最后一道工序，生产工艺一般采取先粉碎后混合的加工方式进行。

①粉碎：主要是对组成配合饲料的原料进行粉碎，原料粉碎应严格按照国标的要求进行，雏鸡和后备鸡阶段，玉米、石粉的粒度应细些，产蛋鸡阶段粒度可粗些，但粗细度应有一定的比例。

②计量：主要是对配合饲料的组成原料包括预混料的称量，原料的称量准确与否关系着成品饲粮的质量，生产中应选用灵敏度与精确度都较高的配料秤，严格按配方中原料用量称量。

③混合：混合是加工配合饲粮的关键，应选用均匀度好，变异系数小于10%，残留量较小的混合饲粮加工设备，掌握好混合时间和考虑加料的顺序。生产中一般是先加用量较多

的饲粮(如玉米)的一半,再加其它饲粮及预混料(大于0.5%时,可直接加,小于0.5%时应先用部分玉米或别的饲粮稀释后再加),最后再投入另一半用量较多的饲料,以提高饲料混合的均匀度。

四、饲料配方举例

饲料配方设计的是否科学,营养是否全面和均衡直接关系着配合饲料的质量,从营养角度而言,由于受原料的营养素质量、可利用性及价格等因素的限制,实际上不存在“十全十美”的配方,下面几个蛋种鸡饲料配方供作参考:

表 4-11　白壳种鸡父母代饲料配方

(单位:%)

原料	0～8 周	9～17 周	18 周～开产 5%	开产 5%～高峰～产蛋率>75%	产蛋率<75%
玉米	60.2	64.25	63.7	63.8	66.65
麸皮	6.5	15.03	5.5	—	—
豆粕	26.5	7.15	1.08	17.3	12.6
石粉	0.22	0.25	3.4	7.32	8.0
骨粉	2.25	1.5	1.9	1.7	1.4
进口鱼粉	4.0	3.1	1.95	5.0	5.0
向日葵粕	—	2.15	4.0	4.6	6.0
菜籽饼	—	3.0	3.0	—	—
棉仁粕	—	3.0	3.0	—	—
食盐	0.25	0.30	0.32	0.22	0.23
蛋氨酸	0.08	0.06	0.03	0.08	0.07
赖氨酸	—	0.21	0.12	—	0.05

注:①此配方为白壳种鸡饲料配方,含鱼粉,若维生素 B_{12} 充足和氨基酸平衡,生产中可设计无鱼粉日粮,对疾病净化有好处。

②维生素、微量元素另加,其成分和添加量参照表 4-8。

③饲料料号应根据终体重和产蛋率变化而改变。

表 4-12 褐壳种鸡父母代饲料配方

（单位：%）

原料成分	生 1 0～6 周	生 2 6～8 周	生 3 8～15 周	蛋前 15～18 周	蛋 1 18～36 周	高峰期	蛋 2 36～52 周	蛋 3 52～
玉米	67.02	67.8	65.05	71.2	61.7	64.15	61.5	63.65
麸皮	—	—	2.5	—	—	—	—	—
豆粕	25.15	18.5	4.5	6.0	20.15	20.5	15.1	12.0
向日葵饼	—	0.5	3.0	1.5	—	—	1.15	—
进口鱼粉	5.0	5.0	5.0	5.0	5.0	5.0	5.0	5.0
骨粉	2.15	2.0	1.75	1.6	2.25	2.3	1.85	1.6
精米糠	—	1.06	9.89	3.41	3.49	—	7.69	9.44
棉仁粕	—	3.0	3.0	3.0	—	—	—	—
菜籽饼	—	1.5	4.5	4.5	—	—	—	—
石粉	0.2	0.3	0.45	3.35	7.0	7.6	7.35	8.0
食盐	0.25	0.25	0.25	0.25	0.25	0.25	0.25	0.25
蛋氨酸	0.17	0.09	0.08	0.11	0.16	0.20	0.11	0.06
赖氨酸	0.06	—	0.03	0.08	—	—	—	—

注：①此配方为褐壳种鸡饲料配方，含鱼粉，若维生素 B_{12} 充足和氨基酸平衡，生产中可设计无鱼粉日粮，对疾病净化有好处。

②维生素、微量元素另加，其成分和添加量参照表 4-9。

③饲料料号应根据终体重和产蛋率变化而改变。

④产蛋高峰期可根据需要添加油脂。

表 4-13 白壳种鸡父母代饲料配方

（单位：%）

原料	0～8 周	9～17 周	18 周～开产 5%	开产 5%～高峰～产蛋率>75%	产蛋率<75%
玉米	62.85	64.85	62.95	62.55	64.25
麦麸	4.58	17.0	13.07	5.70	7.42
豆粕	26.5	5.0	4.95	16.00	12.30
石粉	0.2	0.35	3.15	7.1	7.6
豌豆蛋白粉	3.0	6.0	6.0	6.0	6.0
菜籽饼	—	4.5	4.5	—	—
棉仁粕	—	—	3.0	—	—

续表 4-13

原料	0～8 周	9～17 周	18 周～开产 5%	开产 5%～高峰～产蛋率>75%	产蛋率<75%
骨粉	2.45	1.85	1.90	2.15	2.0
食盐	0.35	0.35	0.35	0.35	0.35
蛋氨酸	0.07	0.06	0.09	0.15	0.08
赖氨酸	—	0.04	0.04	—	—
合计:	100	100	100	100	100

注：①此方为白壳种鸡饲料配方，无鱼粉。

②维生素、微量元素另加，其成分和添加量可参考表 4-8。

③饲料料号应根据体重和产蛋率变化而改变。

表 4-14　褐壳种鸡父母代饲料配方

（单位:%）

原料	生Ⅰ 0～6 周	生Ⅱ 6～8 周	生Ⅲ 8～15 周	蛋前 15～18 周	蛋Ⅰ 18～36 周	高峰期	蛋Ⅱ 36～52 周	蛋Ⅲ 52 周～淘汰
玉米	66.05	67.0	72.4	74.5	65.0	66.0	63.25	65.2
麸皮	0.30	2.68	3.95	—	—	—	9.47	9.27
豆粕	27.3	24.2	12.90	16.6	21.90	19.5	11.25	9.0
石粉	0.2	0.2	0.4	3.0	7.12	7.05	7.6	8.1
豌豆蛋白粉	3.0	3.0	—	—	3.0	4.0	6.0	6.0
菜籽饼	—	—	4.5	3.0	—	—	—	—
棉仁粕	—	—	3.0	—	—	—	—	—
植物油	—	—	—	—	—	0.5	—	—
骨粉	2.55	2.40	2.24	2.30	2.40	2.37	1.95	1.95
食盐	0.40	0.40	0.40	0.40	0.40	0.40	0.40	0.40
蛋氨酸	0.18	0.12	0.09	0.10	0.18	0.18	0.08	0.08
赖氨酸	0.02	—	0.12	0.10	—	—	—	—
合计:	100	100	100	100	100	100	100	100

注：①此方为无鱼粉红壳种鸡饲料配方。

②维生素、微量元素另加，其成分和添加量可参考表 4-9。

③饲料料号应根据体重和产蛋率变化而变化。

④雏鸡、生长期、产蛋期可根据体重和产蛋率需要额外添加油脂。

第五章　蛋种鸡育雏期的饲养管理

一、育 雏 方 式

1. 育雏及季节性的选择

（1）育雏是对 0～6 周龄的幼雏进行科学合理的饲养管理，使之正常生长发育，确保以后有良好的生产力和育种价值。

雏鸡饲养的好坏是养鸡成败的关键，所以育雏期的饲养管理很重要。为了将育雏期的饲养管理工作做好，我们首先要了解雏鸡的生理特点。

（2）雏鸡的生理特点

①体温调节机能不完善。刚出生的雏鸡，体温比成鸡体温略低 2～3℃，以后逐渐均衡上升，10 日龄时达到成鸡体温，到 21 日龄时，体温调节机能才趋于完善。

②消化能力差。因为刚出生的小鸡，其消化系统发育不健全，消化道中的消化腺不能产生足够的消化酶，胃肠的容积小。

③新陈代谢旺盛。由于生长的速度快，因而物质代谢旺盛。

④抗病力差。由于雏鸡对外界环境的适应性差，所以对各种疾病的抵抗力也弱，育雏期若管理不严，很容易患病。

⑤雏鸡体内的水含量高，一周龄的雏鸡体内含水量为

75%左右，如果此时的饮水不足，会造成雏鸡脱水，皮肤及其衍生物干燥，不利于健康。

（3）育雏的季节选择。以自然条件为主的养鸡场或个体饲养者，为获得较好的经济效果，还是以春季最好。春季育雏的优点是：①气候条件好，空气干燥，病菌不易活动，有利于小鸡的生长发育，特别是北方地区，还可以将雏鸡放在热炕上，等天气暖和了，雏鸡也差不多长大了；②饲料充足，雏鸡长大后正值夏收季节，饲料种类多，日粮也很容易满足鸡的生长需要，价格较低；③当年见成效，一般在当年的 9～10 月份就可以见蛋，到第二年的秋季才换羽，与自然换羽的秋季相符，若要进行人工强制换羽效果更好。这样产蛋期可长达一年，产量高。

春季育雏的经济效益最好，但不是说其它季节就不能育雏。秋季育雏气温适宜，有利于雏鸡的早期生长，且产蛋期正好是第二年的春季，也有很多饲养者进行秋季育雏。夏季育雏往往效果不会太好，因为夏雏开产正是冬季，气候严寒，自然光照短，不利于产蛋，在这种情况下，只有通过加强人工光照，同时还要保持舍内温度，才能使鸡群正常产蛋，然而这无疑增加了生产成本。

不论哪个季节育雏，只要饲养技术和管理条件跟上去，就能做到全年均衡生产。

（4）育雏方式。育雏方式有两大类，一类是平养，又分为地面和网上两种。另一类是笼养，一般采用立体育雏器，从 1 日龄到 42 日龄，以后转入育成舍。平养一般不用转群，可以从 1 日龄到 126 日龄。两种方式各有利弊，总的评价是笼养优于平养。

①地面平养。在地面上铺垫料，鸡群自由分散在上面。粪便直接落在地上，需要经常更换垫料，比较麻烦，但投资小，按18～20周龄的鸡的密度准备鸡舍，轻型鸡如北京白鸡每平方米10只左右，中型鸡如种禽褐每平方米7只左右，这种饲养方式最大的弊端是不利于鸡的疫病防治。

②网上平养。鸡群在网上饲养，粪便落于网下，鸡群与粪便不接触，但水槽和料槽易被粪便污染。这种工艺在防治疾病方面优于地面平养，饲养密度与地面平养相同，投资较大。

无论是地面平养还是网上平养，都可以不必转群，避免转群带来的应激。

③笼养。最常见的是立体育雏器，单位面积的饲养量为24只，饲养单元内的鸡只少，便于管理，鸡体和水、料槽不受粪便的污染，鸡群的均匀度较好。粪盘要定期清除，劳动量大，雏鸡长到6周时，需转入育成舍饲养，转群时对鸡的应激大，投资大。

立体笼养与平养相比，其效果较好，但网上平养时，若分群适当，效果也是很明显的。

二、育雏前的准备工作

(1) 首先要做好育雏计划，全年育雏的鸡舍，一年可育5～6批雏鸡，鸡舍的空舍时间只有15～30天。每次育雏鸡转出后，都必须及时清洗、消毒和检修鸡舍及水、料槽、饮水器、笼门、采暖通风、照明、供水等系统，根据计划进雏数量准备各种用具，这些工作都要在进雏前3天做好。

(2) 进雏前2～3天，对育雏舍进行预温，使进雏时的舍内温度达到 32℃，使笼内的温度不低于 30℃，最好在 33℃左右。

（3）育雏舍门口设置消毒池，并保持有效的消毒药液。

（4）准备好足够的饲料及常用药品和疫苗。

（5）进雏前一天，将每层网上铺一层垫纸，以防雏鸡别腿和意外。

（6）进雏前 4 小时应准备好含有糖和维生素的饮水。

（7）准备好记录用的各种表格，制定好光照表。

三、接雏时应注意的问题

小鸡出壳后，经过一段时间绒毛干燥后就可以接运了，接运的时间越早越好，即使是长途运输也不要超过 36 小时。最好在 24 小时内将雏鸡送入鸡舍。

1. 雏鸡的选择

雏鸡质量的好坏关系到其育雏育成以及产蛋和供种性能的高低，所以接雏时必须要认真挑选。一般来说防疫严格、孵化率高的孵化场的雏鸡质量较好，同一批早孵化出来的雏鸡质量好，晚孵化出来的特别是最后孵化出来的“鸡底”质量最差。健康的雏鸡外表应该是绒毛光亮、整齐；腹部柔软，卵黄吸收好，脐部愈合完全；大小一致符合本品种特征；活泼好动，叫声清脆。

2. 种鸡的标记

接的是种鸡，必须要与孵化场的技术人员联系，将不同品系的鸡群用不同的标记分开，以免发生混乱。作为种鸡的公鸡一般要求要剪冠。

3. 雏鸡的运输

运送雏鸡的车辆在运雏之前必须进行清洗和消毒。雏鸡运输最好有专用箱子，可以是纸箱、竹筐或木箱，箱的四周要有通气孔，箱及垫纸经过消毒后再装鸡，箱内小鸡的容量冬天可多夏天一定要少。箱外要注明品种、公母及鸡数，搬运时平起平放，冬天最好在中午，夏天则在早晚进行，冬天或早春时要用棉被盖好，途中每隔一段时间就要检查一次，根据雏鸡的情况做适当调整。雏鸡到达后，迅速卸下鸡盒，分散在鸡舍内，并除去盒盖，将雏鸡放在靠近育雏器的地方。

四、雏鸡的饮水与开食

1. 雏鸡的饮水

雏鸡第一次饮水为初饮，最好的初饮时间应该在出壳后36 小时之内。雏鸡出壳后体内的水分大量消耗，出雏 24 小时后体内的水分消耗 8%，48 小时后消耗 15%，所以雏鸡进入鸡舍后应及时给饮水，这样有助于雏鸡的食欲和饲料的消化吸收，水温在 18℃左右，初饮时在水中加 5%～8%的葡萄糖，同时加抗生素等，以提高雏鸡的成活率。初饮后无论如何都不能断水，在第一周内应给雏鸡饮用降至室温的开水，一周后可直接饮用自来水。

初饮时要注意的是，仅仅提供充足的饮水还不够，必须要让雏鸡迅速饮到水，所以在初饮后要仔细观察鸡群，若发现有些鸡没有靠上饮水器，就要增加饮水器的数量，并适当增大光照强度。

2. 雏鸡的开食

雏鸡第一次吃食为开食，开食一般在初饮后 2～3 小时进行。开食的饲料要求新鲜并且颗粒大小合适，如果是平养可以在网或垫草上铺一些消毒后的纸，将饲料均匀地撒在上面，为防止尿酸盐沉积而造成糊肛，可在饲料中加一些玉米碎粒，头3天喂料次数要多些，一般为6～8次，以后逐渐减少，第6周时喂四次即可。笼养时可以将雏鸡放在较明亮、温度较高的中上两层，便于管理，以后再逐步分群。料盘的数量根据鸡数而定，同时笼外的料槽也放满饲料。

五、育雏期的日粮饲喂

1. 育雏期的饲料配方

育雏期的饲料营养很重要，能量是雏鸡维持生命和生长的“燃料”。通常把谷物等碳水化合物比例高的饲料称为能量饲料。常用的能量饲料有玉米、高粱、碎米等，小鸡不能吃下太多的粗料，因为小鸡的胃容量小。饲养者可以根据当地的饲养条件，在保证饲料能量的前提下，调整饲料配方中的原料。具体的饲料配方请参考第四章。

2. 育雏期的耗料量和饮水量

表 5-1　白来航鸡的耗料量和饮水量（常温下）

周龄	采食量（克/日·只）		饮水量（克/日·只）	
	♀	♂	♀	♂
1	11	13	23	24
2	15	17	37	39
3	23	25	50	56
4	30	35	75	80
5	37	40	80	85
6	41	44	92	100

表 5-2 中型鸡的耗料量和饮水量（常温下）

周龄	耗料量（克/日·只）		饮水量（克/日·只）	
	♀	♂	♀	♂
1	13	14	29	30
2	17	19	42	44
3	24	26	53	58
4	31	34	78	87
5	40	44	82	90
6	43	46	94	100

六、育雏期的体重控制

育雏期各阶段的体重和均匀度是衡量鸡群生长发育好坏的重要指标，也是育雏工作成败的标志之一。育雏期公母鸡每周都要抽称体重，按5%随机抽取，一般在下午1点左右空腹进行。

表 5-3 育雏期的体重标准（克）

周龄	白来航		中型鸡	
	♀	♂	♀	♂
1	65	65	70	70
2	110	112	115	118
3	175	180	190	194
4	275	282	290	310
5	375	386	380	400
6	470	490	480	540

均匀度的测定是从一群鸡中按5%抽称体重，算出平均值后，用平均值分别加减平均值的10%所得到的值即为上下限，然后统计所称鸡的体重落在上下限内的比例数，比例数越大，均匀度越高。例如抽称90只鸡体重的平均数为1200

克，则上下限分别为1320克和1080克，若本例中的90只的体重在上下限以内的有75只，则这群鸡的均匀度为75/90×100％＝83.3％。

提高均匀度的办法：①雏鸡的饲养密度要合理，使每只小鸡都有充足的活动空间；②水、料槽的数量要充分，以免争食；③每周称体重，对那些超重和没有达到体重的鸡实行单独饲养，加强管理使其体重尽快趋于正常；④防止疾病的发生。

七、育雏期的环境控制

环境主要是舍内环境，环境控制包括温度、湿度、通风、光照、密度等的控制，这些是小鸡生长发育好坏的直接影响因素，如何控制好这些因素是育雏的关键。

1. 温度的控制

适宜的温度是保证雏鸡成活的首要条件，必须认真做好。温度包括雏鸡舍的温度和育雏器内的温度。

刚出壳的小鸡，体温调节机能还不健全，体温比成年鸡低3℃，到4日龄时才开始升高，10日龄时才达到成鸡的体温，加之雏鸡的绒毛短，御寒能力差，进食量少，所产生的热量也少，不能维持生活的需要，故在育雏期间，必须通过供温来达到雏鸡所需的适宜温度。供温的原则是：初期要高，后期要低；小群要高，大群要低；弱雏要高，强雏要低；夜间要高，白天要低，以上高低温度之差为2℃。同时雏鸡舍的温度比育雏器内的温度低5～8℃，育雏器内的温度是靠近热源处的温度高，远离热源的温度低，这样有利于雏鸡选择适宜的地方，也有利于空气的流动。

表 5-4 育雏期的适宜温度及高低极限值（℃）

周 龄		0	1	2	3	4	5	6
适宜温度		35～33	33～30	30～27	27～24	24～20	20～17	17～15
极	高温	38.5	37	34.5	33	31	30	29.5
限	低温	27.5	21	17	14.5	12	10	8.5

通过观察鸡群来调节温度。如果温度适宜则小鸡活泼，食欲良好，饮水适度，羽毛光滑整齐，均匀地分布在热源的周围。若温度过高则小鸡远离热源，嘴和翅膀张开，呼吸频率增加，频频喝水；若温度过低则小鸡靠拢在热源的附近或挤成一团，羽毛竖起。另外育雏器的温度计应挂在育雏器的边缘，室温温度计挂在远离育雏器的墙上，距地面 1 米处。

育雏的供温方法有伞育法、温室法、火炕法、红外线和远红外线法等。不同地区可以根据实际条件选择适当的方法。

2. 湿度的控制

育雏舍的相对湿度应保持在 60%～70%为宜。湿度的要求虽然不像温度那么严格，但在特殊条件下也可能对雏鸡造成很大危害。如果出雏的时间太长，雏鸡不能及时喝上水加之育雏舍内的湿度又不够，这种情况下雏鸡很容易脱水造成死亡。脱水的症状为绒毛脱落，频频饮水，消化不良。但最好不要造成超过 75%的湿度环境，否则会出现高温高湿的情况，造成雏鸡死亡。一般育雏前期相对湿度高一些，后期要低，达到 50%～60%即可。

3. 通风的控制

由于雏鸡的新陈代谢旺盛，所以呼出的二氧化碳的量大，而且鸡的粪便中有 20%～25%不能利用的物质，这些物质在一定条件下开始分解，产生大量的有害气体，其中包括氨和二氧化碳，从而使得舍内的空气质量下降，影响雏鸡的正常发育。要做到舍内空气新鲜，就必须注意通风换气。按畜禽卫生要求，育雏舍的二氧化碳的含量要在0.2%以下，超过0.5%就会危害雏鸡；氨的含量要在20毫克/升以下，否则氨会刺激小鸡的眼结膜和呼吸道，使雏鸡易患病，当然大多数人对气体浓度的观念掌握不好，不知道什么时候达标，什么时候超标，在此建议大家就以人在正常时的感觉为标准，如果人能闻到氨或硫化氢（臭鸡蛋味）时或感觉鼻和眼有不适时，则说明舍内的有害气体的浓度已超标，应立即打开风机。要解决好通风换气必须做到保持合理的饲养密度，室内的湿度适中，室内的垫纸或垫草要保持清洁，若是封闭或半封闭饲养，舍内必须安装通风设备。

通风有自然通风和机械通风。自然通风是指通过门和窗交换空气。机械通风是通过设备使空气产生流动，从而达到空气交换的目的。

通风换气的总原则是：按不同季节要求的风速调节；按不同品系要求的通风量组织通风；舍内没有死角。

表5-5 雏鸡的通风量

周 龄	通风量（米/只·分钟）	
	白来航	中型鸡
2	0.012	0.015
4	0.021	0.029
6	0.032	0.044

4. 光照的控制

正确地实行光照，能促进雏鸡的骨骼发育，适时达到性成熟。

育雏光照原则：采用弱光，避免强光，以防止发生恶癖；光照时间只能减少，不能增加，以避免性成熟过早，影响以后生产性能的发挥；人工补充光照不能时长时短，以免造成刺激紊乱，失去光照的作用；黑暗时间避免漏光。

光照不合理则小母鸡甚至在 120 日龄就开始产蛋，蛋重小，并延长了应达到平均蛋重的时间，使能做种蛋用的时间拖后，产蛋的持续期短，还容易早衰，死亡率高，所以合理的光照制度的制定是鸡群生产性能发挥的关键。

(1) 光照长度的控制。光照分为自然光照和人工光照，自然光照就是太阳光，显然它受天气和所在纬度的影响，太阳光的强弱和光照时间的长短，在一年中变化很大。如北京地区 6～8 月份的日照时间为 14～15 个小时，12 月到第二年 1 月份为 9 小时，所以要完全使用自然光照的话，显然不利于雏鸡的生长，必须在此基础上加以补充和调整。

①密闭鸡舍的光照制度：雏鸡前 3 天视力较弱，为保证采食和饮水，每日光照 23～24 小时，从第 4 天起到 6 周每日光照 8 小时。

②开放式鸡舍的光照制度：无论地区和季节，第 1 周均为 24 小时，从第 2 周开始有两种方案：

●纯自然光照：只要日照不超过 10 小时，可以完全利用自然光照。如在我国 4 月 15 日到 9 月 1 日孵出的雏鸡都可以用此方案。

●自然加人工光照：从 9 月 1 日到 4 月 15 日间出雏的鸡可以用此方案。此方案的实施有两种方法：

恒定光照制度：从出雏到 20 周的日期中查出最长的光照时间，以此光照时间为第 2 周后的光照时间，不足的光照时间用人工光照补，但最长的光照时间不能超过 12 小时。

渐增渐减法：查出 20 周龄时的自然光照时间，用此光照时间加上人工光照 5 小时后的光照时间作为第 2 周后的光照时间，以后每周又递减，到 20 周时刚好将这 5 小时的人工光照减完。

（2）光照强度的控制。刚出雏的小鸡视力弱，如果是密闭舍在第 1 周内光照强度用 10～30 勒克斯，从第 2 周开始用 5 勒克斯。

光照强度的控制主要是人工光照强度的控制，其方法有：通过改变灯泡的功率；控制开灯的数量；调节变压器的控制。

5. 密度的控制

每平方米容纳的鸡数为饲养密度。密度小，不利于保温，而且也不经济。密度过大，鸡群拥挤，采食不均匀，造成鸡群发育不全，均匀度差。

在考虑密度的同时，要注意鸡群的大小，商品鸡群可大于种鸡群，根据实际可以随时分群。

表 5-6　育雏鸡的饲养密度（只/平方米）

周　龄	笼养	平面饲养
1～2	60	25
3～4	40	25
5～6	27	12

八、育雏期的正确断喙

1. 断喙的目的

断喙是防止各种啄癖的发生和减少饲料浪费的有效措施

之一。在育雏过程中，由于光线过强、密度过大、饲料营养不全或通风不良等都可以造成啄癖。啄癖包括啄羽、啄肛、啄翅、啄趾等，轻者致伤残，重者可死亡。

2. 断喙的时间

断喙可以在12周以内进行，最好在6～10日龄进行，此时对鸡的应激小，可节省人力，还可以预防早期啄癖的发生。

3. 断喙的方法

用断喙器或电烙铁通过高温将喙的一部分切烙下来。左手抓住鸡腿部，右手拿鸡，右手的拇指放在鸡头顶上，食指放在咽下，略施压力，使鸡缩舌，在离鼻孔2毫米处切断。6～10日龄断喙采用直切，6周以后可切成上喙从喙端到鼻孔的1/2，下喙切去前1/3。切后借助刀片的温度烧烫和压平切过的伤口，防止流血和喙的重新生长。

4. 断喙时的注意事项

（1）准备断喙的鸡群应是健康的。

（2）断喙前两天要在饲料或饮水中加维生素K，断喙后的两天内继续加一些多维，以防止断喙后出血。

（3）断喙时不要切到舌头，刀的温度应能及时止血。

（4）断喙后注意鸡群的饮水情况，一周内不限制饲料，保证料槽中有足够高的饲料，使小鸡方便采食。

九、育雏期的日常管理

育雏期管理的重点在前10天内，因为小鸡刚出壳，一切都是新鲜的，一些习惯和本领需要饲养员去教，所以每天要按照一日操作规程去做，使小鸡开始就有一个好习惯。

（1）小鸡进入鸡舍的第一件事是要尽快教会小鸡饮水，这是提高育雏成活率和培育健雏的关键措施。

(2) 保持合适的温度，一天之内要查看 5～8 次温度计，并将温度记录在表格中。

(3) 每隔 1～2 小时观察一次鸡群，若鸡群挤在一堆则可轻轻拍打育雏器，使小鸡分散，以免压死小鸡。

(4) 每天给料的时间固定，使鸡群有自我的条件反射，从而增加采食量。雏鸡给料的原则是少喂勤添。在换料时，要注意逐渐进行，不要造成突然全换，以免产生不适。

(5) 认真做好各项记录。每天检查记录的项目有：健康状况、光照、雏鸡分布情况、粪便情况、温度、湿度、死亡率、通风、饲料及饮水情况。

(6) 带鸡消毒在养鸡业中应用广泛，常用的消毒药有百毒杀，1210 液、新洁而灭等，采用喷雾法，高度超过鸡背 20～30 厘米，一般每周 1～2 次，可预防疾病和净化舍内空气。同时育雏期的一切工具，都要定时消毒。

(7) 随时挑出和淘汰有严重缺陷的鸡，适时调整和疏散鸡群，注意护理弱雏，提高育雏的质量。

(8) 加强对雏鸡的观察，通过喂料的机会，观察雏鸡对给料的反应、采食的速度、争抢程度，以了解雏鸡的健康情况。每天观察粪便的形状和颜色，以判断饲料的质量和发病的情况；留心观察雏鸡的羽毛状况、眼神、对声音的反应等，通过多方面判断来确定采取何种措施。

十、育雏期的疫病控制要点

育雏期的小鸡最容易患病，尤其是在一周龄内患病的鸡群死亡率很高。育雏期的常见病有马立克氏病、新城疫、白痢、传染性支气管炎、球虫病等。

育雏期的疾病控制措施：

(1) 加强饲养管理，增强鸡体抵抗力。要求饲料新鲜，配合得当，满足鸡对营养物质的需要；保持充足清洁的饮水，做到饲料净、饮水净、食具净、地面净。

(2) 消灭病原微生物，把住疫病传染关。水槽、水罐、料槽、料盘定期用消毒液消毒，墙壁、地面定期用火碱水消毒，发现病鸡及时隔离，死鸡的尸体要深埋或焚烧。

(3) 按照免疫程序对鸡群进行疫苗注射，增加机体的免疫力。

(4) 对用药物可以预防的疾病（球虫病、鸡白痢），及时采用药物预防，以减少发病。

(5) 每天对病死鸡进行剖检并详细记录，发现问题及时解决。

第六章 蛋种鸡育成期的饲养管理

雏鸡从第 7 周开始进入育成期，这个阶段的饲养管理重点是合理地控制好体成熟和性成熟，因为这关系到上笼后的产蛋性能和种用价值的高低。育成期的主要任务是：在提高育成率的前提下，将鸡育成合格的青年鸡，并在生理上为产蛋做好准备。

一、育成方式

1. 育成鸡的生理特点

雏鸡进入育成期时，采食量与日俱增，骨骼和肌肉的生长都处于旺盛的阶段，自身对钙的沉积能力有所提高，10 周龄后，小母鸡卵巢上的滤泡就开始积累营养物质，滤泡也逐渐长大，到育成后期性器官的发育更加迅速，这一时期饲养管理水平，在某种程度上决定了产蛋和种用性能的优劣，所以在保证鸡群骨骼和肌肉系统充分发育的情况下，严格地控制性器官的过早发育，对提高开产后的生产性能是十分必要的。

2. 育成的饲养方式

育成同育雏方式一样也分为平养和笼养。平养又分为地面平养和网上平养，笼养有不同层次的笼养。如果育雏是平养，育成也是平养，因为这样不用转群，可以使鸡群免受应激的危害。所以平养可以从 1 日龄到 18 或 20 周龄，然后转到产蛋鸡舍。笼养根据实际情况可以有二层、三层或三层以上的全阶梯或半阶梯笼养。饲养者根据自己的情况随意选择。无论是平养还是笼养，公母鸡最好是分开饲养。

表 6-1 育成鸡的饲养密度（只/平方米）

周龄	地面平养	笼养	网上平养
6～12	10～11	24	大于 14
13～20	6～8	14～16	

表 6-2 育成鸡的体重标准 （单位：克）

周龄	轻型鸡体重		中型鸡体重	
	公鸡	母鸡	公鸡	母鸡
7	600	540	650	590
8	690	625	760	690
9	780	715	890	790
10	850	795	950	890
11	920	870	1080	990
12	1000	950	1160	1080
13	1100	1020	1250	1160
14	1150	1090	1340	1250
15	1200	1160	1470	1340

二、育成前的准备

（1）按照现有雏鸡的数量准备足够的育成舍，配备好用具，供暖、供水、通风、照明等系统要在进鸡前 3 天检修、清洗、消毒好。

（2）冬季在进鸡前 2 天要给育成舍预温，以免转群时对鸡群造成太大的应激。

(3) 进鸡前准备好饲料，保证转群后鸡群及时吃到饲料。

(4) 准备好记录用的各种表格，制作好光照表。

(5) 按照品种、数量设计好应该放置的位置。

三、种鸡的挑选、免疫及转群

1. 种鸡的挑选

种鸡的饲养者都知道，育雏期结束时，有一些种鸡虽然没有死亡，但由于许多原因造成发育不良和鉴别错误的鸡等，所以在转群的同时要对鸡群进行适当的挑选，以保证鸡群以后的种用价值的实现。

育成期一般可以有两次挑鸡，第一次在 6～8 周进行，第二次在 18～20 周进行，要求是体重适中，羽毛紧凑，体质结实，活泼好动，食欲旺盛。

新组建的育成群，由于环境发生了变化，原先的育雏鸡群也有了改变，使鸡感觉一切都是陌生，因而引起慌乱不安，相互争斗，给育成造成影响，所以由育雏转育成时，最好是原圈的鸡群不动地放在一起。

种鸡挑选时的注意事项：

(1) 根据不同品系的不同标准进行选择，确保本品系的遗传特性的发挥。

(2) 鉴别错误的鸡只一律淘汰。

(3) 各品系挑出来的不合格鸡的数量，根据计划和实际情况进行淘汰，若数量太大，可以将其做好标记后单独饲养，加强饲养管理并给予一些营养或其它方面的特殊护理，使其在育成期内能达到种用的标准，从而降低饲养成本。

(4) 公母鸡要按照比例选留，一般为 10～15：1，当然也要看实际情况。

2. 种鸡的免疫及转群

免疫工作的重点在育雏期，当然育成期也不能放松。特别是种鸡的免疫，要定时监测新城疫、马立克氏病的效价，出现异常及时加免。

转群要有计划，尤其是品系多时，要一个一个品系的转，以免混乱。

转群时应该注意的问题：

(1) 转群前两天，在饲料中加一些维生素或抗应激的药物，以免造成太大的损失。

(2) 转群前，根据鸡群的数量和品系在产蛋鸡舍做好设计，并用标牌加以标识。

(3) 转群时要有顺序，不能一轰而上，特别是品系较多时，必须要有指挥。

(4) 在转群的同时，最好有几个饲养人员对鸡群进行挑选，不合格的鸡及时淘汰，保证上笼鸡的质量。

(5) 抓鸡时要轻，不要摔、拽鸡，更不要用力拽鸡腿，以免造成损伤。

(6) 尽量不要让地上有太多的跑鸡，发现跑鸡及时抓回笼内。

(7)转群结束时，要及时清点鸡群的数量，做到心中有数。

四、育成期的饲喂及体重控制

对生长中的育成鸡，应该给以钙含量较低的日粮，提高其机体对钙的保存能力，到产蛋时，再喂较高钙含量的日粮，使母鸡能继续保持这种能力，有利于产蛋。

目前在国外对育成鸡采用限制饲喂的方法来提高育成鸡的质量。限制饲养的目的不是让鸡吃料不够，而是防止青年鸡吃料过多而增加脂肪的积蓄，从而保证鸡的正常生长发育和形成蛋鸡对营养物质的合理需要。

限制饲养对育成鸡的作用是：使生长略受抑制，防止过早性成熟；控制体重增长，维持标准的开产体重；减少采食量，降低成本。

五、育成期的环境控制

1. 光照的控制

育成期光照的管理很重要,其原则是光照长度不能增加。因为光照是促进鸡体生殖系统发育的最重要的因素，提早的光照长度的给予，必将使鸡群过早的出现性成熟，从而导致早产而影响种蛋的质量。所以育成期的光照恒定为 8 小时。如果是开放式鸡舍，要根据日照时间的长短进行调整。

表 6-3　北京地区太阳出没时刻表

月日	节气	日出时间	日落时间	日照时数	月日	节气	日出时间	日落时间	日照时数
1.6	小寒	7：37	17：04	9.27	7.7	小暑	4：53	19：46	14.53
1.20	大寒	7：32	17：19	9.47	7.23	大暑	5：04	19：37	14.33
2.4	立春	7：21	17：36	10：15	8.8	立秋	5：19	19：22	14.03
2.19	雨水	7：03	17：54	10：51	8.23	处暑	5：33	19：01	13.28
3.6	惊蛰	6：42	18：11	11：29	9.8	白露	5：48	18：37	12.49
3.21	春分	6：18	18：26	12：08	9.23	秋分	6：03	18：11	12.08
4.5	清明	5：53	18：42	12：49	10.8	寒露	6：18	17：47	11.29
4.20	谷雨	5：30	18：57	13：27	10.24	霜降	6：34	17：24	10.50
5.6	立夏	5：10	19：13	14：03	11.8	立冬	6：51	17：06	10.15

续表 6-3

月日	节气	日出时间	日落时间	日照时数	月日	节气	日出时间	日落时间	日照时数
5.21	小满	4：55	19：28	14：33	11.23	小雪	7：08	16：54	9.46
6.6	芒种	4：46	19：40	14：54	12.7	大雪	7：23	16：49	9.26
6.22	夏至	4：46	19：43	15：01	12.22	冬至	7：33	16：53	9.20

2. 温度、湿度的控制

育成鸡随日龄的增大，舍内温度要逐渐降低，过高的温度会使鸡群体质变弱，一般育成舍的适宜温度为16℃左右，相对湿度为60%左右。

3. 通风的控制

育成舍要有良好的通风设施，因为育成鸡的呼吸道易受感染，一般育成鸡的生长速度快，产生的有害气体多，若不注意通风，很容易患呼吸道疾病。

4. 保持合理的密度

无论平养还是笼养，要想使鸡群个体发育均匀，必须遵守鸡舍的容纳标准，切忌过度拥挤，在平养条件下，7～18周龄的青年鸡，饲养密度为10只左右，笼养条件应该保证每只鸡有270～280平方厘米的笼位。

六、育成期的日常管理

育成期的管理相对育雏期要轻松一些，但育成期管理的好坏，直接影响到产蛋性能的发挥，所以育成期的管理不能疏忽。

（1）每天认真观察鸡群，从鸡的各种表现了解鸡群的健康状况，这是育成期的工作重点。

（2）定期抽称体重，根据体重及其均匀度情况来改进对育成鸡的管理。

（3）注意通风，特别是冬季，防止鸡群呼吸道疾病的发生。

（4）对鸡群进行适当的分群，做到强弱分开饲养，以提高育成鸡的质量。

（5）严格执行每天 8 小时的光照制度，保证鸡群适时达到性成熟。

七、育成期的疾病控制要点

（1）育成鸡要认真按照免疫程序进行疫苗的注射，尤其是新城疫的免疫。

（2）注意对病死鸡的隔离，死鸡要深埋或进行焚烧。

（3）定期对鸡群做带鸡消毒，以及所用工具的消毒。

第七章　蛋种鸡产蛋期的饲养管理

一、饲养方式

常用的方式有平面散养和笼养两种。

1. 平面散养

平面散养分为地面散养和网上散养。近几年来，在地上散养的方式几乎已不存在了，网上散养的方式有一些地区还在使用。下面就网上散养介绍几点技术。

(1) 鸡群的公母比例。轻型鸡公母比例为 1∶12～15，中型鸡公母比例为 1∶10。正常的性比例是保证种蛋受精率的关键，同时还必须注意公鸡的质量，这不仅包括公鸡精液的质量，也包括公鸡体格的健壮，有腿病的公鸡一定不能做种用，坚持定期测定公鸡精液品质，根据鸡群的变化和生理状态，合理调整鸡群的性比例。

(2) 产蛋箱的配置。按母鸡数量计算，一般每 4 只母鸡配置 1 个产蛋箱。产蛋箱可选用木板、铁板或塑料等原料制成，还可以根据实际情况设置单层或多层的。产蛋箱在鸡群开产前 1～2 周安置好并打开挡板，使鸡群有一个熟悉的过程，必要时可在箱内放置假蛋或其它鸡群的经过消毒的鸡蛋，以引诱小母鸡进入箱内。产蛋箱应放在光线较暗的地方。要勤捡蛋，特别是要及时清除破蛋，一定不能用破蛋直接喂鸡，以免造成啄蛋癖。

2. 笼养

笼养分为小笼和大笼两种。

(1) 大笼饲养。笼底离地面60～70厘米，每个笼可容纳20～40只母鸡和2～4只公鸡，根据实际进行选择，公母鸡可在笼内本交配种，蛋可以滚到笼外。

大笼饲养的主要问题是种蛋受精率不高。尤其是在新组群时，由于鸡群的相互调换，鸡与鸡间不合群而出现打斗的现象。饲养人员必须认真观察，合理调配。

(2) 小笼饲养。小笼一般称为阶梯饲养，有两层、三层或四层，每笼容纳3或4只母鸡，公鸡与母鸡分开饲养，采用人工输精的方式，这种饲养方式现在在个体养鸡者中普遍应用。其优点是易管理和疾病控制，单位面积饲养只数多，有足够的采食和饮水位置，便于观察鸡群，鸡的伤残率低，受精率高，饲养的公鸡数量少。

二、种鸡的检疫净化

作为种鸡，疾病的净化和检疫工作很重要，尤其是一些垂直传染的疾病（鸡白痢、白血病、支原体等），种鸡一生中最少要进行2～3次鸡白痢的检疫和2次白血病的检疫。鸡白痢的第一次检疫可以在育成期，大约16周左右，第二次在留种蛋前进行，如果有条件的在上笼后的两周内再进行一次。白血病的第一次检疫在上笼后进行，第二次在留种蛋前进行。

鸡白痢的检测方法是血清凝集法，具体做法是在一块玻璃板上滴一滴鸡白痢抗原，从鸡翅膀的血管中采血并将血涂抹在抗原上，使抗原与血充分混合，2分钟后判定结果，若出现有蓝色颗粒则判为阳性，否则为阴性。

白血病的检测方法有琼扩法、肛试法和依来萨法。

种鸡场孵化用的种蛋,必须来自检疫为阴性的种鸡群,受污染的种鸡场应结合孵化、育雏、育成的隔离、消毒、检疫制度，逐步消灭经蛋传播的疾病，种鸡要逐只检疫，淘汰阳性鸡，以最大限度地减少种鸡群中的带菌、带毒鸡。

三、合格的上笼体重要求和适宜的上笼时间

育成鸡一般在 18 周左右上笼，也有提早到 16 或 17 周的，最晚不要超过 20 周。早转群式母鸡对新的环境有个适应的过程，转群最好是早晨或晚上进行，转群时要对鸡群进行挑选，按照体重要求把鸡群分开，以便今后的日常管理。

表 7-1　合格的上笼体重（公斤）

周龄	轻型鸡体重		中型鸡体重	
	公鸡	母鸡	公鸡	母鸡
16	1.35	1.23	2.18	1.47
17	1.45	1.29	2.31	1.55
18	1.50	1.37	2.41	1.62
19	1.60	1.46	2.51	1.69
20	1.85	1.55	2.60	1.76

四、种鸡的挑选及上笼

种鸡在上笼时，要经过挑选，特别是公鸡，按照不同品系的要求进行选择。转群和选择应结合进行，转群是选优去劣的好机会，有条件的场可以在转群时测定体重，检查是否符合该品种标准，以便根据体重情况来调节日粮的营养水平和饲喂量，并结合体重淘汰发育不良的、有疾病的、跛腿的

残鸡，若鸡数过多，应淘汰体重过大或过小的，使鸡群的体重较为一致。

鸡群如果在育成期是限制饲喂的，在转群前2～3天应改为自由采食，同时在饲料中加多种维生素，以防转群的应激。为避免惊群，转群前可将育成舍的照度降低，对散养的鸡群，先用隔网将鸡慢慢赶到鸡舍的一边，每次抓的鸡数不要太多，否则易造成踩压，笼养的育成鸡因骨质脆弱，要抓双腿，不要抓翅膀以防骨折。

进鸡前的准备工作要提前做好，保证正常运转，准备好充足的饲料，使育成鸡转入蛋鸡舍内，尽快吃到饲料。

五、产蛋前期的饲养管理

产蛋前期是从上笼后到全群产蛋率达50%左右的这段时间。要取得较高的产蛋率，开产前这一段时间的管理是非常重要的。开产前后母鸡自身的生理变化极大，包括性成熟和体成熟的变化，体重继续增加，产蛋前期体重增加400～500克，骨骼增重15～20克。大约从16周龄开始，小母鸡逐渐性成熟，钙的贮备也增加，此时成熟的卵泡不断地释放出雌激素，在雄激素和雌激素的协调作用下，诱发了髓骨在骨腔中形成，小母鸡在开产前10天开始沉积髓骨，它约占性成熟小母鸡全部骨骼重的12%，蛋壳形成时约有25%的钙来自髓骨，其它75%来自日粮。如果钙缺乏时，母鸡将利用骨骼中的钙，易造成腿瘫，所以育成后期和产蛋前期的饲料中钙的含量应适当增加或另外加喂贝壳粒，这阶段鸡处于对新环境适应的过程中，产蛋率上升较快，生长速度也快，所以必须采取有效措施，管理好鸡群，确保产蛋高峰的准时到来并且维持持久的高峰期。

（1）及时更换饲料，在产蛋率达到5%时，将蛋前料换为产蛋期料。

（2）光照时间和强度应逐渐增加，褐壳蛋鸡的光照强度可达20～30勒克斯，白壳蛋鸡光照强度可达10～20勒克斯。

（3）及时称量蛋重和体重，以指导生产。

六、产蛋期的日粮饲喂标准

产蛋期一般分为三个阶段：第一阶段是从上笼到5%开产，第二阶段是产蛋5%到50周左右或到产蛋高峰过后产蛋下降到70%，第三阶段是产蛋70%到淘汰。产蛋期一般每天喂料2～3次，自由采食，上笼后到产蛋率达5%给蛋前料，此时鸡群还没有完全开产，所以日粮中蛋白的含量较低；5%到50周给蛋1料，这时的鸡群处在产蛋旺盛时期，需要的蛋白和能量及其它营养物质都相对增加，必须保证足够的采食量；50周以后给蛋2料，这一阶段鸡体对营养物质的需求相对较低，即使给以高蛋白的饲料，产蛋情况也不会有很大的上升，所以从经济的角度考虑，喂蛋2料比较好。

表7-2　产蛋期的耗料标准（克/只·日）

周龄	轻型鸡		中型鸡	
	公鸡	母鸡	公鸡	母鸡
20	95	90	100	95
21	100	98	105	100
22	108	105	110	108
23	115	110	118	115
24以后	120	115	125	118

(1) 喂料时料槽中的饲料应分布均匀，料槽要经常清扫，特别是在夏天，料槽中的湿料和脏料必须清理干净。饲料不能加得太满，否则会被鸡啄散而造成浪费。

(2) 饮水必须是清洁新鲜的，饮水器或水槽必须每天进行清洗，乳头式饮水器要定期逐个检查，如果育成期是水槽，上笼后为饮水器则要注意教会鸡群用乳头饮水。

七、产蛋期的环境控制

环境包括内环境和外环境，为产蛋鸡提供最适宜的产蛋环境，首先要有一个良好的鸡舍内环境，它包括温度、湿度、通风、光照等。

1. 温湿度和通风的控制

适宜的温度是鸡群发挥生产水平的前提，鸡舍必须使产蛋鸡免受日常气温变化的影响，因为温度偏离最适温度时，产蛋将会受到影响，产蛋期的最佳温度为13～23℃，最佳的湿度为60%～65%，通风使鸡舍的空气良好。春季和秋季舍内的温度和通风很容易控制，主要的问题是夏季和冬季。

(1) 夏季。夏季的自然特点是日照强，气温高，昼夜温差小，蚊蝇多，所以容易造成产蛋率低，死亡率高。鸡的体温高为41～42℃，又没有汗腺，对高温的适应力差，高温条件下，鸡群自身作出的生理反应对缓解高温的不良影响，作用毕竟有限，因此要在夏季使母鸡多产蛋，少死鸡，必须通过调节温湿度和通风的方法来实现。

①加强通风。利用送风的办法降低鸡的体感温度是很有效的方法。高温时昼夜温差小，在夜间和早晨提高风速，同时使鸡群逐渐适应高温，白天风速约2～2.5米/秒，夜间约

1米/秒。如果是纵向通风，还要注意鸡舍两侧窗户打开的大小，远离风机一端的窗户开大一些，离风机较近的窗户开小一些，防止通风的短路，同时要保证进气口的畅通。

②在增加通风量的同时，加大舍内的湿度。可以用喷水或消毒的装置将水调节成雾状，喷洒在高出鸡体30厘米处，使舍内空气湿度增大，水蒸气吸收空气和鸡体的热量，使鸡感到凉爽，雾滴越细，在空气中漂浮的时间越长，效果越好，可使温度降低2～4℃。如果舍内的温度达到33℃以上且感到闷热，这时不要喷洒太多的水，否则会造成高温高湿的环境。

（2）冬季。冬季的气候特点是，气温低，冷空气和寒流频繁袭击，风力大，日照短。因此防寒、保温和保证光照是冬季维持母鸡高产的关键。

①防寒保温。密闭鸡舍适当减少通风量，靠鸡的自温难以维持适当的温度时，可用暖气、火炉等热源供暖。适当增加鸡的密度。防止贼风侵袭，将门窗的缝隙和墙洞用纸或胶条封好，贼风对鸡群的影响很大，特别是对羽毛残缺、皮肤裸露的老鸡，最容易感冒。开放式鸡舍靠北边的窗户关闭，简易鸡舍的北墙要挂草帘。南边的门窗，除白天定时定量打开通风换气、排污以外，一般也要关闭。

②通风换气。在加强保温的同时，还要注意通风。开放鸡舍通过打开门窗来实现换气。密闭鸡舍主要通过风机来实现换气。根据舍内温度开关风机，有条件的可将风机设计成定时开关。冬天通风的关键是组织好进出风的方向，如果鸡舍的屋顶高，可以用木板将上边挡住，这样即保暖又利于组织风向。不能为了保暖而不进行通风，否则舍内有害气体的浓度增加，易患呼吸道疾病。

2. 光照

在产蛋鸡的环境因素中，光照时间的长短对产蛋的影响十分明显。因此光照管理已成为产蛋鸡饲养管理上的重要措施。鸡的眼睛通过对光照时间的长短或强弱的感受后，经神经传导而刺激脑下垂体，从而使卵泡产生性激素，促进排卵和产蛋。没有足够的光照刺激，鸡的产蛋遗传潜力不可能充分发挥。以前农村中养的鸡冬天不产蛋，或产蛋很少，除了天冷以外，主要是冬天昼短夜长，只有到春天日照逐渐延长后，才是农村鸡产蛋的旺季。然而养鸡专业户冬天给鸡补足光照，鸡群照常产蛋，从而消除了季节对鸡的影响。

产蛋期的光照计划必须与育成期相互衔接。根据转群时所测体重，如已达到该品系体重要求，则应从 20 周龄开始每周延长光照 0.5～1 小时，直至 16 小时稳定不变；如果鸡群体重没达到本品种要求，则应推迟延长光照，同时提高日粮的水平使鸡群体重及早达标。总之增加光照应与改换日粮相结合。

（1）开放式鸡舍的光照管理。20 周龄进入蛋鸡舍时，要将光照总长度增加到 14 小时，在光的刺激下，鸡群会陆续开产，并上升到高峰。当发现产蛋率徘徊不再上升时，每周增加 0.5 小时直到 16 小时为止，稳定保持到产蛋期结束。

（2）密闭鸡舍的光照管理。根据不同品系鸡群的不同要求，光照制度应有所不同。白壳蛋鸡从 20 周开始，每周增加 1 小时，直至 13 小时，以后每周增加 0.5 小时直至 16 小时，到 60 周龄时可将光照增加到 16.5 小时直至淘汰，光照强度以 10～20 勒克斯（或 3 瓦）为好，灯距 3～3.5 米，灯高 2 米，可用 25 或 40 瓦灯泡。褐壳蛋鸡从 20 周开始，光照时间为 12～13 小时，以后每两周增加 1 小时直至 16.5 小时，60 周龄时可增加到 17 小时，光照强度为 20～30 勒克斯（或 5 瓦）。粉壳蛋鸡介于两者之间。光照制度制定的原则是必须根据鸡群的体重和实际情况而定。

八、产蛋期的日常管理

日常管理是认真负责地执行各项生产措施并及时发现和解决生产中的问题，以保证高产和稳产。

首先产蛋期每天必须认真观察鸡群。观察鸡群的目的是为了了解鸡群的健康和采食情况，挑出病、死、弱和停产的鸡。早晨进鸡舍第一件事就是观察鸡群，要认真仔细地观察，因为通过鸡群的表现往往能正确推测鸡群的情况，若发现问题要及时报告并给予妥善解决。

病鸡的特征：精神萎靡，冠色苍白或呈黑紫色，羽毛松乱，没有食欲，粪便颜色和形状异常。

不产蛋鸡的特征：冠小或萎缩而苍白，眼圈和喙的基部呈黄色，肛门干燥，趾骨间距小。

及时发现和淘汰这些鸡，可以提高全年的产蛋量和饲料效率。

其次要认真按照一日工作程序去做，使鸡群适应一定的规律，有利于鸡群生产性能的发挥。认真做好生产记录，包括产蛋量、死淘鸡数、饲料消耗量、蛋重和体重。管理人员要经常检查鸡群的实际记录，并与该品种鸡的性能标准相比较，发现问题，及时解决。

还有在冬天或夏天到来之前，要认真检修门窗和风机，准备好保温和降暑所用的工具设备。做好四季管理工作。

春季气温逐渐升高，日照时间逐渐变长，各种病原菌容易繁殖，所以必须进行彻底的清扫和消毒，并加强各种病效价的监测工作。自然光照的鸡群，春季正是产蛋旺季，要注意日粮的营养，同时准备好足够的产蛋箱，增加捡蛋的次数，确保蛋的质量。

夏季温度高，主要的任务是做好防暑降温，减少鸡舍受到的辐射热和反射热，及时清粪，降低饲养密度。同时根据鸡的采食量调整饲料的浓度，保证鸡群的正常产蛋，每次喂料量要少，喂料次数增加，防止有过多的饲料剩在料槽中。供给清凉的饮水，水槽必须保持干净，最好每天用消毒液消毒。

秋季昼夜温差大，日照短，自然光照的鸡群需要补充光照，鸡群开始换羽，产蛋率低，应该及时淘汰换羽和停产的鸡。同时做好入冬前的准备工作。

冬季温度低，舍内外的温差大，开放式鸡舍要将靠北边的窗户封住，窗外最好要挂草帘。密闭式鸡舍在保证舍内空气质量的前提下，尽量减少通风。

实际工作中的经验：

（1）在每次上料后的10分钟内，不要进入鸡舍，让鸡群安静地吃料，此时可以从门窗处观察鸡群。

（2）上笼后及早调群，一周后各笼内的鸡不要轻易调换，若必须调换则最好与其附近笼的鸡调换。否则会造成争斗或啄肛现象。

（3）产蛋率上升到40％～50％时，可以添加贝壳，在料中加或直接给都可以，每两周喂一次，防止在产蛋高峰时，体内钙的需要量增加而造成的蛋壳质量的下降。

（4）刷水槽用清水刷后，再用消毒药液擦一遍，特别是在夏季，利于鸡群的健康。刷水槽时的费料可收集起来喂猪。

常见问题的解决：

(1) 如何节约饲料开支。在养鸡业中，饲料费用占 70%，减少饲料的浪费是降低养鸡成本的主要措施之一。

选择料蛋比低的鸡种：蛋鸡品种很多，生产性能各具特点。白来航鸡的体型小，采食量少，产蛋率较高，是较理想的蛋鸡品种；褐壳蛋鸡的体型较大，采食量比白来航鸡大 10%～20%，饲养密度小，产蛋率与白来航鸡相差不多；粉壳蛋鸡介于两者之间，从总的经济效益来看，白来航鸡占有优势。当然也与不同地区的不同消费习惯有关。

改进食槽和饲喂方法，防止饲料的浪费：将食槽设计为有向内卷进的形式，可以防止饲料的刨撒。少喂勤添，使食槽中的饲料高度不超过食槽的 1/3，适当限制喂料量，以每天食槽中不剩料为准。定时喂料，以保证鸡群均匀采食。

改进管理措施：保持鸡舍适宜的温度，温度低，采食量大，一部分能量用于维持体温，产蛋率也不高。防止饲料的霉变及鼠害和飞鸟。

(2)为什么有些鸡群没有产蛋高峰或产蛋高峰上不去。在实际生产中，饲养者都希望鸡群的产蛋率高而且能维持较长的时间，但实际中往往不如人意。分析其原因大致为：

鸡种问题：所购买的鸡的生产性能本身就不高，或是没有按照正确的配套方式制种，或是所购的鸡比较杂，或是降代次使用的鸡。

育成鸡的质量差：育成鸡的体重和均匀度没有达到本品种的标准，尤其是均匀度低于 80%，或是体重过大。

光照问题：光照长度不够，或光照制度不合理，或是开关灯的时间不固定，无规律。

饲料问题：饲料营养低，特别是蛋白、能量和氨基酸，或是自己配制的饲料，原料比较单一，或是饲量不足。

疫病的影响：白痢、白血病和产蛋下降综合症等，都会使鸡群的产蛋率停滞不前或下降。

应激的影响：饲料的调换，噪音使鸡群惊吓，或是雷电和放炮等。

（3）产蛋鸡的啄肛。产蛋鸡的啄肛现象，多出现在产蛋的早期。具内分泌学的研究，鸡的啄癖是由于血液中的促肾上腺皮质素和肾上腺皮质素的含量差异而引起的，鸡群个体间为确定群中的等级地位，发生争斗，以确立个体的地位，当这种关系建立后，群中的气氛就和谐了，如果重新调整鸡群，放入的新鸡就会破坏原来安定的格局，发生争斗，重新确立群序。

发生啄癖的原因很多，针对不同的情况采取相应的措施。

营养不均：日粮的营养不平衡，特别是动物性蛋白不足，或是纤维素含量过低，或是食盐含量低等都可能引起啄肛。

光照强度大：在强光下，当母鸡产蛋的肛门外翻露出红色时，容易被其它鸡啄住，如果啄出血，则几只鸡或一群鸡都来啄，轻者被啄伤，重者造成死亡。

密度过大，通风不良：鸡产蛋时，由于拥挤而发生争斗，相互啄，无处躲藏时，只顾头而屁股朝外，造成被啄肛。

开产过早：性成熟早于体成熟，引起产蛋困难，肛门破裂流血，造成啄肛。

发现啄肛时，可将被啄的鸡隔离，并在伤口处涂上紫药水，等伤口痊愈后，再将其放回原处，对于严重的啄伤，应尽早淘汰。

防止啄肛的方法：定时喂料；舍内的光线不要过强，避免光线直接照在笼上或产蛋箱内；注意将有啄癖的鸡挑出。如果出现啄肛，可加大通风量。

（4）降低蛋破损率的措施。选择蛋壳质量好的品系，蛋壳质量与遗传的性状，不同的品系有一定的差异。

饲料是决定蛋壳质量的主要因素，饲料中的钙和磷的含量，特别是维生素 D_3 的不足，是产生薄壳蛋、造成蛋破损的物质条件。根据实际合理地调节饲料中钙和磷的比例。

光照时间过长，母鸡活动频繁，会影响蛋壳的钙化过程，造成破损。必须遵守合理的光照时间，防止惊群，增加集蛋的次数。

蛋网的坡度不要超过 8 度，否则蛋滚动的速度大，达到边缘时产生撞击而导致破损。要选择合理的笼具。

九、产蛋期的疾病控制要点

产蛋期的疾病控制主要靠进行监测，特别是新城疫和减蛋综合症。作为种鸡还必须要进行留种前的疫病净化，主要是鸡白痢和淋巴白血病的净化。

鸡群上笼后，所有的免疫基本已经完成，但最好每隔 1 个月或半个月进行一次新城疫和减蛋综合症效价的测定，发现问题及时解决。

注意加强通风，供给充足的饮水。及时隔离病鸡。

对病死鸡要进行剖检，并做详细的记录，对鸡群的投药也要有记录，包括药量。

第八章　配种及种蛋的采集与管理

一、种鸡的配种

1. 配种时间

种公鸡一般在180日龄时，其生殖系统发育基本完善，同时体重也能达到标准，此时可以采到品质较好的精液，并能保证有较高的受精率。种公鸡的采精日龄不要过早，一般不要在170日龄以前，否则会造成早衰且精液品质下降。

母鸡在165日龄以上进行配种，如果公母鸡是同一日龄，则最好在170日龄以后进行配种。如果是自然配种或大笼本交，在170日龄前最好将公母鸡分开饲养，待到配种日龄时再混养。

2. 配种比例

公母鸡配种比例受很多因素的影响，如公鸡的健康情况、季节和饲养条件等。一般情况自然交配的比例为1∶10～15，如果是人工输精，原精可按1∶10～20计算，若加稀释液则比例可以更高一些。

3. 配种方法

配种方法有自然交配和人工输精两种。

所使用的公母鸡应根据生产需要或育种需要进行组合配种，公母鸡本身应按照生产性能和体质外貌及遗传性能等进行选择，特别是种公鸡需要经过2～3次的精选，再经过性活动机能和精液品质，选留最优者组配。

（1）自然交配

①大群配种：在较大母鸡群（40只以上）中放入一定比例的公鸡，使每一只公鸡随机与母鸡交配。多用于大群父母代种鸡群和商品性生产群。其优点是受精率较高。

②小群配种：在一小群母鸡中（10只左右）放入一只公鸡，采用单间或隔网，内设自闭产蛋箱。此方法主要用于育种中。由于公鸡的差异而造成受精率差异显著，这种方法已不再使用。

③个体控制配种：在育种工作中，为了获得较多的家系和观察不同组合效果，常采用此方法。

2. 人工输精

（1）人工输精的定义和优点

①人工输精：就是通过人为的方法，将公鸡的精液输入到母鸡体内，从而使母鸡所产的蛋有孵化能力的过程。

②人工输精的优点

●可以提高优良种公鸡的利用率，减少非生产性公鸡的饲养量，节约饲料和鸡舍，降低成本。人工输精可将公母鸡的比例从1∶10～15提高到1∶20～30，甚至到1∶50，稀释精液加快良种推广的速度。

●可以克服因种公鸡和种母鸡体重相差悬殊造成的配种困难，避免了种公鸡配种行为和与配偶间的关系对受精率的影响。同时通过精液品质的监测，可淘汰精液品质较差的公鸡，真正实现了“优生优育”。

●在育种工作中，一只公鸡的精液最高能给100只左右母鸡输精，因此可以同时得到大量同一日龄的后代，可在短期内更可靠地按后代品质鉴定公鸡，加速公鸡的调换，提高育种工作效率。

（2）采精的方法及技巧

①采精的方法。常用的方法有：按摩法、隔截法、台鸡法和电刺激法等。其中按摩法最简便，使用最广泛。

按摩法又分为背部按摩、胸部按摩和背腹按摩。三种方法大同小异，最普遍使用的是背腹按摩。

背腹按摩通常由两人配合进行，一人保定，另一人采精。保定员用两手分别握住公鸡的两条腿，使公鸡的两腿自然分开，拇指扣住鸡的翅膀，将公鸡的头部向后夹于左腋下，如同自然交配姿势。采精员左手掌心向下，拇指和四指分开，紧贴公鸡腰背处，向尾部轻轻地拢，如此按摩数次，引起公鸡性感。采精员右手中指和无名指间夹着集精管，管口朝上。在左手按摩数次且有性反射时，立即翻转左手，用左掌将尾羽向背部拨起，同时右手掌紧贴公鸡腹部柔软处，拇指与食指分开，放于趾骨下缘，抖动按摩数次，当泄殖腔翻开，露出退化交尾器时，左手拇指与食指靠拢挤压肛门环两侧，精液就顺着交尾器流出，此时右手迅速将集精管口伸到泄殖腔口把精液收集起来。然后保定员将公鸡放回笼中。

②采精次数。鸡的精液量和精子密度随着采精次数的增加而减少，一只自然交配的公鸡每天 40 多次，但并不是每次都有精液。公鸡经过 3～4 次射精后，其精液几乎找不到精子。有关人士对白来航鸡的试验表明：对白来航公鸡 1 周 1 次、1 周 3 次和 1 周 5 次的采精，结果是 1 周 3 次的采精，其精液量较高，精子密度比 1 周 5 次高，而与 1 周 1 次相同。所以为保证精液质量，最好是隔天采精 1 次，或是 1 周内连续采

3～5 次，休息 2 天。

③采精技巧。采精时按摩的力量不要太大，否则会使公鸡受损，采精的关键是掌握好要领，采精的动作要连贯。

④采精中应注意的问题

●公鸡采精前最好是断食 3～4 小时，以免排粪而影响精液的质量。手指的挤压力不要过大，以免损伤组织，引起血液渗出后混入精液中。

●采精人员应特别注意不要伤害公鸡，在抓鸡时避免惊吓，抓鸡的时候尽量使鸡感到舒适，否则鸡的性反应易受到抑制。

●所有采精的用具，都应严格清洗消毒并烘干备用，采精人员在采精前必须洗手消毒。

●所采精液在 30 分钟内用完，采出的精液应在 25～30℃的环境中保存且避免阳光的直接照射。

⑤精液的稀释。精液稀释的目的不仅是提高精子活力并延长其寿命，而且也便于操作和储存。

常用的稀释液有生理盐水、5.7％的葡萄糖溶液和蛋黄葡萄糖液（100 毫升水加鲜蛋黄 1.5 毫升、葡萄糖 4.25 克）。稀释液存放的温度为 4℃左右，一般放在冰箱的保鲜层，稀释比例根据原精液的情况而定。精液稀释应在采精后 20 分钟内完成。如果精液的密度低则不应做稀释。

精液的保存根据存放时间的长短而异。鲜精液短期保存温度为 2～5℃，经过 2 小时后输精，受精率能保证在 90％以上。若使精液长期保存，最好是使用冷冻技术，将精液放于液氮中，保存时间少则几周，多则几个月，甚至一年以上，待输精时仍能保证很好的受精率。

⑥精液品质的测定。精液品质检查的内容有外观、一次射精量、精子活力、精子密度、畸形率等。

●外观检查:精液正常的颜色为乳白色的粘稠状液体。若混入尿酸盐则为白色絮状块；若混入血液或粪便则呈浅红色或黄色。已经污染的精液不能使用。

●精液量：指公鸡一次射出的精液量。此项可用有刻度的集精管或注射器测量，一般每只公鸡的一次射精量为0.2～0.7毫升。

●精子活力的检查：在采精后20分钟内进行。方法是用注射器取一滴精液于载玻片上，加上盖玻片，在37℃条件下，用200～400倍显微镜检查。在视野中可以看到各种精子，其中作直线运动的精子才有受精能力，作圆周运动或摆动的精子都没有受精能力。

●精子密度的检查：此检查有两种方法，一种是用血球计数板数精子数，另一种是精子密度估测法。目前普遍采用的是估测法。

估测法是在400倍显微镜下，观察视野中精子的密度，并用肉眼进行估测。精子密度分为3级。

一级是整个视野布满精子，精子间没有间隙，每毫升精液中有精子40亿以上。

二级是精子间有明显的距离，每毫升精液有精子20～40亿。

三级是精子间的距离较大，每毫升精液的精子数在20亿以下。

●畸形率检查：取一滴精液于玻片上，做抹片，干燥后，用95％酒精固定1～2分钟，冲洗，再用0.5％龙胆紫染色3

分钟，冲洗干燥后在显微镜下检查。每次数 300～500 个精子，计算畸形率。

⑦种公鸡的饲养与调教。种公鸡的管理从上笼后就应认真做好。

开始配种前 1 个月左右，将公母鸡分开饲养或单笼饲养。在分群饲养的同时，开始训练公鸡采精，每周 3～4 次，经过 3～4 次训练的公鸡大部分能采出精液，只有少数公鸡不能建立起条件反射。在训练期要进行精液品质的检查，对采不出精液和精液品质差的公鸡及时进行调换。

种公鸡在第一次采精后，经过 30 分钟可进行第二次采精，第二次采出的精液量和密度都比第一次的少。一般公鸡最好隔天采精一次，因为公鸡经过 48 小时的性休息后，其精液量和精子密度能恢复到最高水平。如果配种任务大，也可在一周内连续采 3～5 次，或每天采精一次，但必须在公鸡的日粮中加入维生素 A 和 E，还要适当提高蛋白质水平，最好加喂鸡蛋，做到每 2～3 只公鸡吃 1 个鸡蛋。在配种淡季，公鸡精液用的少，采精的公鸡也少，此时一定不能只使用一部分公鸡，而其它的公鸡长时间不用，可将所有公鸡轮换使用，一方面可使公鸡有正常的性反射，另一方面也可使公鸡得到充分的休息，等到配种旺季时，充分发挥其作用。否则会使这部分公鸡的性机能下降，精液品质变差，到配种旺季时，公鸡不够用。公鸡换羽要比母鸡早 2～3 个月，在此期间，精液品质很差，所以要及时淘汰换羽的公鸡。

⑧输精的方法和技巧

●输精方法：给母鸡输精时，要将母鸡的泄殖腔内的阴道口翻出体外，将精液准确地注入输卵管的开口内。母鸡的泄殖腔中，左侧的开口为输卵管的开口，右侧的为直肠的开口。

输精一般由两人配合进行。一人翻肛，另一人输精。翻肛的方法是：翻肛人员用左手握住母鸡的双翅、提起，使母鸡头向上，肛门朝下，右手置于母鸡耻骨下，用右手虎口向肛门方向推压母鸡腹部柔软处，泄殖腔内的阴道口便会翻出，这时母鸡如果有粪便，则排于地上。然后立刻将母鸡的泄殖腔朝向输精员，此时母鸡的头朝下，等待输精。输精员用注射器将精液输入母鸡阴道口内约 2～3 厘米，输完后立即拔出注射器。同时翻肛人员的右手解除对母鸡腹部的压迫，使泄殖腔复原后，将母鸡放回笼内，完成输精工作。

为了减少对母鸡的应激，可不将母鸡抓出笼外。翻肛人员左手抓住母鸡的两腿，将母鸡拉到笼门处，右手掌心向上，拇指与四指分开，置于母鸡两腿的外侧，并通过母鸡的两腿对腹部柔软处施加压力，使母鸡的泄殖腔外翻后进行输精。这种方法对母鸡的损伤小，输精员操作轻松。

●输精深度：就输精深度有浅、中、深三种。其中以中度输精最为简单有效。

浅输的深度一般是阴道口内 1～2 厘米，此法易使精液外流而造成受精率低。

深输的深度一般是阴道口内 4 厘米，此法虽然能提高受精率，但操作时要十分小心，否则会损坏母鸡的阴道或输卵管。

中度的深度一般是阴道口内 2～3 厘米，此法既能保证较高的受精率，同时操作也容易，是使用最普遍、效果最好的输精方法。

●输精量与输精次数：在训练公鸡采精时，对公鸡精液的精液量、精子密度、精子活力等都进行了检查，每次输精量和输精次数根据精液的质量而定。精子密度大、活力高的，输精量可少一些，并且可以进行稀释后再输精。一般每次输入的有效精子数至少在500～7 000万个，最好为1亿左右。生产中，正常原精液一次输入量为0.025到0.03毫升，一般不能少于0.02毫升。如果是第一次输精可以用倍量精液。

在给母鸡输精后，快的15分钟，慢的1小时，精子就均匀地分布在整个输卵管中，约有1.5万个精子已到达输卵管的漏斗部，死亡的精子从来不能穿过子宫阴道接合处。精子在母鸡输卵管内能存活20天左右，但只在输精后的5～7天内有受精能力，所以每隔5天输精一次为好。在给母鸡授精时，如果子宫内有硬壳蛋时，会降低受精率，有软蛋时，影响较小，所有一天的输精时间最好是在大部分母鸡产蛋后进行，即下午3～6点，上午输精，母鸡子宫内有硬壳蛋，受精率较低。

⑨影响受精率的因素

●季节的变化：公鸡精液的生产因季节的不同而变化，一般春季最高，夏末和秋初最低，与春季相比受精率下降5%～10%。

●气温的影响：温度过高或过低对精液的生产和精液的品质都有不良的影响，从而使受精率下降。

鸡群最适宜的温度是13～25℃，此时公鸡能产生品质较好的精液，如果气温降到0℃以下或高到35℃以上，则显著地降低精液的产生。

●鸡的品种：不同品种的鸡群其公鸡精液的量和精液的

品质不同，受精率也会有所影响。一般白羽鸡的精液比红羽鸡的精液在量和品质上差一些，慢羽鸡的精液比快羽鸡的精液差，而且受精率明显低。

二、种蛋的管理

1. 种蛋的采集

种蛋必须在产后 2 小时内采集。刚产出的种蛋其蛋的表面温度高，蛋壳的气孔大，如果不及时采集，鸡舍内的有害气体、尘埃和病毒、细菌等就可能从蛋的气孔中进入蛋内，形成带菌带毒的种蛋，不利于种蛋的孵化和后代的生长。如果对产出的种蛋及时采集，采集后立即消毒，消灭种蛋表面的细菌，有利于保证种蛋的质量。

一般种鸡舍每天应捡蛋 4 次，且捡后立即消毒。

2. 种蛋的选择

从外观看：蛋的颜色和性状要符合本品种特征，蛋重在 50～65 克左右，蛋皮干净，蛋壳质量好。

听声音：拿两个或三个蛋，在手中转动，使蛋与蛋发生碰撞，听其声音，完整无损的蛋声音清脆，破损蛋的声音低闷。

照蛋透视：用验蛋器照蛋，可以看到破损蛋的裂纹，沙皮蛋的亮点；蛋的气室大小可以了解到蛋的新陈；血斑和肉斑蛋很明显。

3. 种蛋的消毒与存放

种蛋的消毒一般采用熏蒸的方法。种蛋的第一次消毒应该在采集后立即进行，在鸡舍得到操作间用砖或铁板建一个熏蒸间，其容积不必太大，根据饲养量而定。采集后将种蛋放入熏蒸间，用一小杯或桶放消毒药，药的剂量为每立方米加 14 克高锰酸钾和 28 毫升甲醛，然后关闭熏蒸间的门和排风扇，20～30 分钟后打开门和排风扇，并将种蛋取出放于种蛋库。蛋库每周熏蒸 2 次。

作为养鸡场，种蛋的最终归宿是蛋库。种蛋库要求的温度是 13～18℃，相对湿度是 60%左右。种蛋库的温度控制很重要，它关系到孵化情况的进行。种蛋在正常库存中，其胚的发育处于抑制状态，如果蛋库的温度达到种蛋的临界温度 23℃时，则受精胚开始发育，但此时又没有达到孵化所需的温度（37.5℃），所以在发育的过程中很容易死亡，造成种蛋还没有入孵，就已是死胚了，这样的种蛋从外表看不出变化，即使以后入孵，也不能成活，还可能作为未受精蛋处理。如果蛋库的温度过低，可能会造成胚的死亡。此外种蛋存放的时间不能过长，一般不能超过 10 天，最好是 5～7 天内的种蛋用于孵化，因为时间过长，会使种蛋散黄或失水较多而影响受精率和雏鸡的质量。种蛋库应具备良好的通透性，使种蛋能正常呼吸，种蛋一般用纸蛋盘存放，底层的蛋盘应用木板或其它材料垫起，以保证种蛋的透气性。

4. 如何提高种蛋的受精率

（1）定期检查公鸡的精液品质，及时淘汰不合格的公鸡。

（2）注意公鸡日粮的质量，尤其是维生素 A 和 E 及蛋白质的水平，同时保证公鸡的喂料量，不能只顾母鸡而不管公鸡。不论是水槽还是乳头饮水器，都必须保证公鸡能喝到充足的水，因为水是精液中的重要组成部分。

（3）采精的手法要轻，输精的手势要准，输精量和深度要按标准去做，不能只追求速度而忽略了质量。精液的保存和稀释要特别小心，精液不能让阳光直接照射，稀释精液时，稀释液的温度最好要接近精液的温度或放置室温，先将稀释液倒入集精管中，然后采精且边采精边摇匀。

（4）做好输精记录，如果是5天输精一次，要将输精计划制定出来，每天按计划执行，如果工作中需要增输或停输，一定要计算好留种蛋的日期。饲养员和输精员必须配合好，在种蛋与食品蛋分界处做明显的标记，以免捡错。

（5）种蛋熏蒸的时间和剂量，必须严格按标准执行。

5. 如何提高种蛋的利用率

（1）按计划适时输精，及时留种蛋。

（2）加强日常的饲养管理，勤钩蛋，在产蛋高峰前和产蛋后期加喂贝壳，减少脏破蛋的数量，认真观察鸡群，发现病情及时解决，减少畸形蛋的数量。

（3）保证鸡群的喂料量和饮水量，提高鸡群的产蛋率。

6. 提高种蛋质量的措施

（1）加强育种工作的进行，保证各品种种蛋的形状和颜色的一致性。

（2）在产蛋后期可以进行强制换羽以改善种蛋的蛋壳厚度和蛋白高度。

（3）增加捡蛋的次数，加强饲养人员的责任心。

第九章　人工强制换羽

一、人工强制换羽的目的和优点

自然条件下，母鸡经过1年左右的产蛋时间，特别是经过热天以后，鸡体内营养消耗很大，体质下降，到了秋天往往发生换羽而停产。换羽后，羽毛丰满，鸡的体质也得到恢复，有利于过冬。自然换羽的过程很长，一般需要3～4个月。高产的鸡换羽比较短促，低产鸡换羽很慢，时间拖得最长。因此鸡群中换羽程度很不整齐，产蛋率比较低，蛋壳质量也不一致。给饲养者带来很多不便。

在生产实践中，为了延长鸡的生产利用年限，并克服鸡自然换羽在时间上的拖拉现象，通过改变饲养管理制度、投喂化学物质或注射激素等办法，使鸡体内的新陈代谢发生紊乱，营养供应不继，而使鸡群同步换羽，然后又能同步重新产蛋。

人工强制换羽的优点是：与自然换羽相比，换羽期可缩短1～2个月；换羽后产蛋率比自然换羽群高且产蛋整齐；蛋重比换羽前增大；蛋壳质量提高，蛋的破损率降低，减少了育成鸡的费用。

二、人工强制换羽的原理

鸡的换羽是一种生理现象，由于长成的羽毛经过6个月的时间后逐渐老化，又由于日龄的增大，使卵巢机能下降而引起的雌激素分泌机能的降低，引起休产，而休产又导致换羽。因此对开产6个月以上的鸡群，人为地实施一定时间的应激如停料、停水、减少光照时间等能诱发换羽。鸡在停饲后的2～3天，腺垂体的LH（促黄体素）的量，尽管有某种程度的增加，但血浆中的LH量大幅度减少，减致产蛋时的一半。另外，血浆中的雌二醇量也减半，而甲状腺的机能并不上升，再恢复饲喂时，则LH和雌二醇的量同时迅速恢复。停饲处理降低了鸡对腺垂体分泌的LH-RH（促黄体素释放激素）的感受性，引起血中LH含量的降低，导致卵泡中雌激素的生产和分泌的减少，其结果使卵巢萎缩，从而诱发休产和换羽现象。

三、人工强制换羽的方法

人工强制换羽的方法有饥饿法、激素法和化学法。

1. 饥饿法

是最常用的强制换羽的方法，也是最实用、最可靠的大众化的方法。具体方法是停水3天，根据鸡的实际情况停料9～13天。停饲期内将每天光照降到8小时，夏季只停料不停水。如果停料13天，鸡的体重还没有降低到原体重的70%～80%，则还要继续停料。绝大部分鸡经9～13天的停料，体重都可以降低到原体重的70%～80%。母鸡一般在6～8天内停产，第10天开始脱羽，10～20天中主翼羽开始脱落，一般每次脱落1～3根，大部分的主翼羽可在6周内脱落。新的主翼羽在旧主翼羽脱落后两周左右开始长出，当新羽基本长齐时，鸡的体重也大体恢复，产蛋性能迅速恢复。15～20天脱羽最多，35～45 天结束换羽过程，死亡率约 3%左右。开始恢复喂料时，饲料的蛋白水平不应低于 17%，第一天每只给料 30～40 克，以后每日增加 10 克左右至 90 克后可自由采食。30～35 天见蛋，60 天左右达到 50%以上的产蛋率，80 天左右达产蛋高峰。

2. 激素法

通过给鸡体注入激素的方法，从而达到换羽的目的。此方法有一定的副作用，目前很少使用。

3. 化学方法

化学药物中使用最多的是氧化锌或硫酸锌。

将含锌药物添加到饲料中，使鸡的食欲中枢受抑制，采食量大大降低，引起休产换羽。

在鸡的日量中加入 2.5%的氧化锌或 4%的硫酸锌。鸡采食高锌饲料后，食欲很差，采食量大大降低，2～3 天后采食量降到 20 克左右。7～8 天后改喂蛋白水平为 17%的产蛋鸡日粮。在喂高锌日粮期间不必停水，只需将光照降到 8 小时即可。喂高锌日粮后鸡群产蛋量迅速下降，一般在 4～7 天内产蛋率降低到 2%以下，改喂产蛋鸡日粮后的第 2 周就可见蛋，到第 4 周产蛋率就可以上升到 50%左右，如果管理得当，产蛋率可以逐周上升，高峰期产蛋率可达 75%～80%，一般 70%以上的产蛋率维持 3 个月左右，效果与饥饿法没有显著差异。但用化学法进行强制换羽可能会有一些副作用。

四、人工强制换羽的效果

强制换羽是在生理上，使鸡暂时停止由日龄增大发生的老化进程，使鸡恢复青春，用以延长其经济寿命、改善蛋壳质量、节约更新鸡的费用、节省育成期的劳力等。

1. 强制换羽的经济效益

经济效益的计算要涉及成本和费用。在计算育成费用时，体现了育成率，另外二年鸡的价值是以该鸡淘汰出售时的价格作基准。

日本有关强制换羽的经济效益的报道，白来航商品鸡的育成费用为 926.7 日元，年饲料消耗量为 43.91 千克，总支出为 3 780.9 日元，蛋的收入为 4 840.2 日元，第一年度的只鸡收入为 1 059.3 日元。第二年度总支出为 3 082.3 日元，蛋收入为 4 277.3 日元，只鸡收入为 1 195.0 日元，这样第二年度比第一年度多收入 135.7 日元。

可见强制换羽的经济效益还是很明显的。大型鸡场可以有计划地选留一部分高产鸡进行强制换羽，减少育成鸡的费用开支，达到增收节支的目的。

强制换羽期间由于断料 9 天以上，使每只鸡比正常情况少吃 1 千克的饲料。同时利用老鸡强制换羽，可以节约培育新鸡的一切费用。如果说培育一批新鸡到产蛋率 50%，需要 160～165 天，而老鸡强制换羽大约 2 个月达到 50%产蛋率，这就等于缩短了 100 天的育雏时间，这段时间内的饲料、燃料、折旧、人工等方面的费用的节约是相当可观的。

2. 蛋壳质量的改善

一般随着鸡的日龄增加，软蛋和破蛋的比例也增加，这种现象通过强制换羽可得到改善。

具有关试验报道：从上午 6 点到下午 6 点，每隔 2 小时进行一次检查，对试验鸡群用一般的停水停料法进行强制换羽，将异常蛋分为 3 类，比较检查了其强制换羽前后的发生率。17个月龄鸡在强制换羽前，软蛋为8.51%，极薄蛋为3.25%，薄壳蛋为1.08%，合计为12.84%。在强制换羽后，上述异常蛋大幅度减少，尤其是在强制换羽13周后，合计减少到了1.01%。以后虽呈增加趋势，但在24周以后，也只达9.81%，比换羽前低。

以上情况说明强制换羽能大幅度降低不能收集的蛋的比例。蛋壳质量得到了明显的改善，而且改善的效果也能长期地持续。

在养鸡经营上，不言而喻地要下功夫尽可能地使破损蛋率降到最低水平，使种蛋的利用率有所提高，消除鸡真正的产蛋率和人们见到的产蛋率之间的差距，也是提高生产成绩的一个重要课题。

3. 蛋壳质量的改善效果

强制换羽能改善鸡蛋的品质包括蛋白高度、蛋壳强度、蛋壳厚度、蛋黄褐色，从而提高商品蛋的价值和种蛋的利用率，能给养鸡经营带来很大的经济效益。

据日本有关试验对一年度和二年度的鸡蛋品质，进行了定期的检查，探讨了强制换羽对改善蛋的品质的效果。

试验使用了100只白来航鸡，从180日龄开始进行蛋品质调查，以后每隔30日进行一次，到450日龄作为第一年度，451日龄开始停水、停饲3日，之后再停饲7日，合计10日的处理。第二年度从510日龄到780日龄，也是每30日测一次。测定日在下午1点，随机抽取正常蛋30枚进行测定。该鸡群在151日龄产蛋率达50%，第二年度是在处理后46日龄（495）达50%。

测定结果是哈氏单位在180日龄时最高为90.9，以后随日龄的增大而下降，到450日龄时为77.8。强制换羽后的510日龄又恢复到85.5，与450日龄时相比提高了7.7之后也是逐渐下降。从试验中还可以看出哈氏单位不受季节的影响，但与日龄的关系密切，所以为改善一度下降的哈氏单位，强制换羽是最好的方法。

蛋壳厚度与哈氏单位不同，季节的影响大于日龄的影响，两个年度之间没有差异。

蛋壳强度受季节的影响比蛋壳厚度还要大，但强制换羽后，蛋壳厚度仅增加了0.003毫米，而蛋壳强度上升了0.20，说明换羽效果是大的。像这样蛋壳厚度及蛋壳强度的变化情况，从整体看是呈相同的倾向，但在检查个体时，未必都呈现相同的倾向。也有的在蛋壳厚度上无差异，而在蛋壳强度上有差异，这与蛋壳结构的致密性有关。强制换羽后使钙在蛋壳上的沉积更致密，从而增加了强度，同时也有使蛋壳表面变光滑的效果。

日龄和季节对蛋黄颜色无影响，二年度的平均值都为10.9。

从整体看，强制换羽主要是对商品蛋鸡有一定的好处，对提高种蛋的利用率方面，作用不大，所以种鸡一般不用于强制换羽。

4. 人工强制换羽时应注意的问题

（1）鸡群的选择。第一年度产蛋率低的鸡群没有进行强制换羽的经济意义（除非蛋价很高，饲料价格很低），因为第二年度的产蛋量比第一年度要低10％～15％，只有高产的鸡群才有强制换羽的价值。

（2）事前淘汰保证鸡群的健康。只能选择健康的鸡进行强制换羽，因为只有健康的鸡才能耐受断水断料的强烈应激，也只有健康的鸡才能指望第二年度获得高产。所以在实施强制换羽前，应该认真观察鸡群，将病鸡、非正常换羽的休产鸡全部淘汰。否则就可能有10%甚至更多的鸡死亡。

（3）正确选择换羽时间和换羽季节。不仅要考虑经济因素，同时还要考虑鸡群的状况和气候条件，炎热和严寒季节会影响强制换羽的效果，凉爽的季节换羽的鸡产蛋量要比热天换羽的鸡高5%～7%。鸡开始自然换羽时进行强制换羽效果最好。

（4）给予贝壳。在开始停水停饲处理后，鸡不会立即休产，在3～5日内，仍有鸡产蛋。但这时产软蛋，破蛋较多，对此有关人事认为在开始停水停饲的同时，每100只鸡一次投给2公斤的贝壳，这样能改善在进行休产之前所产蛋的蛋壳质量。

（5）换羽期间的管理。平养的鸡在换羽期间，要防止饥饿时啄食垫草、沙、土、羽毛等；恢复给料时，料量要逐渐增加，防止过食造成死亡，要有足够的采食面，使所有的鸡同时能够吃到料。

（6）坚持到底，不能中途妥协。停水停饲处理后，使鸡长期处于苛刻的条件之下，这对于与鸡建立了感情的管理人员来说，有时会在精神上和感情上难以忍受。尤其是在停饲10日以后，鸡冠变得带黑色，精神不振，有的像马上就死的样子，管理人员产生恻隐之心，还没到预定的停饲日数和预定的体重减少率，就妥协了，开始饲喂，这样易使换羽停留在不完全状态，以后的产蛋成绩也不好。所以管理者要下定决心，使换羽处理达到标准程度。

第十章 鸡病防治

第一节 鸡病的综合防制

一、综合防制的内容和意义

1. 概念

综合防制是从防疫、饲养管理、孵化管理、免疫、消毒、疾病净化、药物防治以及生物制剂使用等方面入手，采取综合性措施，达到预防和控制疾病的目的。

2. 内容

综合防制的内容包括以下几方面：

（1）场址的选择、布局和全进全出。

（2）饲养管理卫生。

（3）疫苗与免疫。

（4）消毒与消毒药。

（5）环境控制。

（6）防疫措施。

（7）种鸡疾病净化。

（8）孵化卫生管理。

（9）药物防治。

（10）生物制剂的使用。

3. 综合防制的意义

综合防制是一切生产工作的基础。任何企业的生产工作都是为了提高单位设备的最大合格产品的数量，而产品质量又是销售工作的基础；没有高质量的产品，就不可能在市场竞争中占主动，也不可能扩大市场占有；即使获得暂时的短期效益，在长远的生产经营活动中将必败无疑。

综合防制是一项长远而持久的工作，所有养鸡企业的管理者都必须引起高度重视。制定完善的防制措施，并长期坚持落实。只有这样才能保证企业的稳步持续发展，并创造最佳效益。

二、场址的选择和布局

1. 场址的选择

养鸡场根据其饲养管理的特点又分为后备鸡和产蛋鸡两个阶段。为了防疫的需要各饲养阶段应分场单独饲养。场址的选择直接关系到企业的经营效益、发展方向和远景目标。场地是养鸡企业的发展基础，在选址时需根据鸡场的任务和经营特点结合自然条件和交通状况等综合因素进行分析考虑，在场址的选择方面要注意以下三个问题：

（1）鸡场要选择在地势较高、平坦、干燥的地方，要求水源充足，水质良好且排水方便。鸡场离公路的距离应在500米以上，同时要远离工厂、学校和居民区，特别是要注意远离屠宰场和畜产品加工厂。

（2）种鸡场和孵化厂以及后备鸡场之间的距离应在1 500米以上，各类鸡场内鸡舍之间的距离应在30米以上。

（3）鸡场应远离工业区以避免工业废水废气和有害烟尘

的危害。

(4) 鸡场应临近山林和农田，以利于建立自然防疫屏障。

2. 鸡场的建筑布局和全进全出

搞好鸡场布局，既要讲究养鸡技术科学性的要求，又要因地制宜，合理利用场地。一般应从以下几个方面入手：

(1) 一般鸡场应分为三个区，即生活区、生产区和粪便污水处理区。

(2) 养鸡场各区的划分主要依据地势的高低和主导风向进行规划，以利于鸡场的防疫。

(3) 后备鸡场或育雏车间应在蛋鸡场的上风向，病死鸡处理场所和粪便污水处理场应在鸡场的下风向，并建立粪便发酵处理场。

(4) 鸡场内生产区和生活区必须严格分开。运送饲料的干净道和清粪用的脏道要严格分开。

(5) 后备鸡场和成鸡场的容量配套应科学合理，规模应适中，以利于全面推行全进全出的科学管理方式。所谓全进全出，即在较短的时间内将一个场或一个小区的鸡舍全部装满。饲养过程完成后，将所有鸡只转出或淘汰，全场或整个小区彻底清理、消毒，空舍至少 4 周以上再进新鸡。为了保证鸡群健康，防止鸡病传播，应做到全场的全进全出，如果一时做不到全场的全进全出，也要将场区划为几个小区，做到小区的全进全出。

(6) 鸡场大门口、生产区门口和鸡舍门口都应建配套的消毒池，生产区门口还应建立更衣室、沐浴室和喷雾消毒设施，以便对人员和车辆进行消毒。

(7) 鸡场应自建深水井、水塔、料房或料塔以及专用配电室等。

（8）鸡舍的建筑和布置应根据通风方式的不同设置充足的通风窗。

三、饲养管理卫生

1. 鸡场的环境卫生

鸡场的环境卫生包括鸡舍内部环境卫生和舍外大环境的卫生两个方面。实践证明：鸡场环境卫生状况的优劣，直接关系到该场经济效益的好坏，甚至关系到养鸡企业的存亡。下面对以上两方面的卫生管理要点简要说明。

（1）鸡舍卫生

①鸡舍内病原微生物的来源。鸡舍内病原微生物主要来源是粉尘和飞沫。在封闭鸡舍中空气流动缓慢，粉尘和飞沫长期飘浮，增加了感染机会。特别是对种蛋质量和雏鸡存活率产生严重的不良影响。

②饲养方式和饲养密度影响空气质量。有试验证明，平养鸡舍内空气中细菌数比笼养高几倍至十几倍，另外随着鸡只密度的增大，空气中微生物数量也成倍增长。

③坚持鸡舍的消毒，保持鸡舍的卫生，确保鸡群的健康。实行“全进全出”的饲养制度，在对鸡舍进行严格空舍消毒的基础上，通过合理有效的通风换气，带鸡消毒和经常清扫等措施，能有效地降低鸡舍内细菌数量。保持鸡舍内的清洁卫生，减少感染的发生。

（2）环境卫生。鸡舍的卫生状况直接影响着鸡群的健康。而鸡场的环境卫生与舍内卫生又是密切相关的，间接影响鸡群的健康，搞好环境卫生应从以下四个方面入手：

①进行必要的间隔。为了减少或避免鸡舍之间的相互感染，鸡舍间应保持30～50米以上的距离，另外采用纵向通风或正压过滤通风方式。

②及时清除鸡舍内的粪便和污水。粪便和污水中含有大量的病原微生物，为了改善鸡场的环境，及时排出粪便、污水并且进行无害处理是行之有效的措施。

③绿化美化环境，对改善鸡场小气候，净化空气有明显作用。

④及时清扫，保持环境卫生清洁，并定期进行消毒。

2. 饲料和饮水卫生

（1）饲料的卫生。饲料的卫生状况不仅关系到鸡群的健康，而且对饲料本身的营养价值产生重要影响，进而影响鸡只的健康及正常生长发育。控制饲料卫生应抓好以下三个环节：

①饲料原料的来源和运输。在饲料原料的采购时，应选择无污染，卫生质量好的品种，而且在运输过程中应避免运输工具的污染。

②饲料的加工。在饲料加工过程中，采用加热制粒工艺，可使原料中各类致病菌杀死率在95％以上。

③饲料应贮存在通风良好、防潮、防鼠、防鸟的场所，并且避免粪便的污染。在日常饲养管理中，要经常保持舍内饲喂器具的清洁卫生，喂料量要适当，避免饲槽内饲料长期蓄积。而且要避免饲料腐败变质，确保鸡只采食营养全面，干净卫生的饲料。

（2）饮水卫生。饮水的质量要求是清洁、无毒、无病原微生物污染。鸡场应从以下三个方面入手，来保证饮水的卫生。

①水源卫生。鸡场应选用深井水，因为地表水（如池塘水、河水）很容易受外界污染，而成为传染源。家禽饮用水应符合饮用水卫生要求，并定期对水质进行检测。

②饮水卫生。鸡群饲养方式和饮水方式的不同，也影响饮水的卫生。平养比笼养时更容易造成饮水的污染，将水槽等开放性饮水系统改为密闭式乳头饮水器可有效控制饮水污染。

③饮水消毒。鸡场在饲养管理中，虽然采用多种措施控制饮水污染，由于鸡舍内空气、粉尘以及饲料很容易污染饮水，所以在日常工作中应经常进行饮水消毒。饮水消毒的方法是在饮水中加入一定量的消毒药物，以达到消毒目的。常用的消毒药物有：漂白粉按每立方米水中加 10 克；碘制剂在饮水中的使用浓度为 12～25 毫克/升；百毒杀按 50～100 毫克/升使用。

四、疫苗与免疫

1. 免疫的概念

免疫接种是将某种特定的疫苗接种到机体内，刺激机体产生对某种疾病的抵抗力或免疫力，这是预防某些传染病最有效的方法。

2. 抗体与免疫应答

（1）抗体的概念。抗体是在抗原刺激下产生并能与之特异性结合的免疫球蛋白。

（2）抗体产生的一般规律

①初次应答：初次接触抗原引起抗体产生过程中在一定时间内查不到抗体或抗体很少。

②再次应答：机体第二次接触相同抗原使抗体水平迅速

升高，可比初次应答高几倍到几十倍，维持时间较长。

③回忆应答：抗原刺激产生抗体，经过一定时间后，抗体逐渐消失，再接触抗原物质，可使抗体快速上升。

（3）免疫应答的影响因素

①疫苗因素：疫苗种类，抗原量。

②机体方面的因素：被免疫动物的种类、品系、年龄以及营养和健康状况等。

③免疫方法的影响：主要指免疫接种途径的影响。

④疫病因素：主要指免疫抑制性疾病对免疫应答的影响。

3. 疫苗的分类及特点

疫苗的种类很多，常将其分为弱毒苗和灭活苗两大类。

（1）弱毒疫苗：又称活疫苗，是将病原体通过组织培养或异种动物接种使其致病力减弱而成。其特点是：免疫后产生抗体速度比较快。

（2）灭活疫苗：又称死苗，一般是用一定量的福尔马林将病原体致死，再加佐剂制成，其特点是：免疫后疫苗缓慢被吸收，能长时间发挥作用，抗体持续时间长；而且安全性和稳定性高。

由此可见，弱毒苗和灭活苗各具优势，在实际应用中，科学选择，使二者有机结合，相辅相承，充分发挥免疫效果。

4. 常用免疫方法及注意事项

（1）滴鼻（点眼）：按每只鸡 0.03 毫升将疫苗稀释后滴鼻或点眼一滴。应注意的问题：

①操作时不要用滴嘴接触鸡的眼睛或鼻孔以免造成损伤或人为传染。

②待鸡只完全将疫苗吸入后再放手，疫苗滴滑落时必须

补滴一次。

③疫苗稀释后，要求在30～60分钟内用完。

(2) 饮水：根据鸡只饮水量将疫苗溶于一定量的水中，让鸡群在一小时内饮完。应注意的问题：

①饮水免疫必须提前一天按免疫要求的方式方法测定鸡只饮水量。

②配制疫苗时，应先在容器内加入1/3量的水，然后溶解疫苗，再补足水量。实际用水量一般是测定用水量的110%～120%。

③配制疫苗，不要选用铁质容器，另外需要按饮水量加入0.1%的脱脂奶粉。

④饮水免疫前两天后一天不要对鸡群进行饮水消毒和带鸡消毒，饮水器具避免接触任何清洁剂和消毒剂。

⑤饮水免疫应根据鸡群分布情况，放置饮水器具，如果是固定饮水器则要保证鸡群密度的均匀。

(3) 气雾免疫：按每只鸡0.42毫升的剂量稀释疫苗，然后用专用喷雾器具对鸡群进行喷雾。应注意的问题：

①进行气雾免疫的雾滴大小，成鸡10～15微米，雏鸡80～100微米。

②气雾免疫应根据房舍笼位数(一般按三层笼养计算)再增加1/3的疫苗用量。

③气雾免疫时一般用蒸馏水或凉开水稀释疫苗。

④配制疫苗时，可按存栏鸡数加入抗菌药物，另外可按用水量的5%加入甘油。

⑤操作时，对于笼养鸡群应选用两台喷雾器对喷的方式进行，喷雾高度离上层鸡群60～80厘米，对于平养鸡群高度

为 80～100 厘米。

⑥操作时，要关闭所有通风设备、灯光、供暖设备，动作要轻缓。夏季炎热季节要选择早晚凉爽时间进行。另外对于平养鸡群要防止惊群，以免挤压致死。

⑦操作时要根据鸡群分布情况，掌握速度，保证疫苗分布均匀。

⑧喷雾结束后 20～30 分钟后方可进行通风。

⑨鸡群在感染呼吸道疾病，鸡舍卫生条件极差，粉尘严重时要谨慎使用，以免加重病情或引起继发感染。

（4）注射免疫：包括皮下注射和肌肉注射两种。应注意的问题：

①颈部皮下注射时，进针部位在颈中部，进针方向与颈椎平行，深度在 3～5 毫米。进针方向不正很容易造成漏苗，如发现漏注应及时补注。

②肌肉注射：一般采用胸肌注射或腿肌注射。由于采取胸肌注射的方法更为安全，因此雏鸡多采用胸肌注射的方法。

③胸肌注射部位在胸骨脊前下方肌肉丰满处，注射方向斜向下方为宜。避免直刺，以防因刺伤肝脏造成死亡。

④腿肌注射部位在大腿外侧肌肉丰满处，进针方向斜向上，深度在 5～7 毫米。腿肌注射时若方法不当，容易损伤血管和神经，造成鸡只运动障碍，影响采食和生长发育。

⑤在使用弱毒疫苗进行注射免疫时要特别注意注射器和针头的消毒，以免造成人为感染。

（5）刺种：一般用生理盐水或专用稀释液按 0.01 毫升/只将疫苗稀释后，用专用刺针刺种，部位在翅部无血管三角区，以刺穿翼膜为度。应注意的问题：

①用生理盐水稀释疫苗时，应加入一定量的抗菌素，以避免局部感染。

②操作时应使刺针凹槽充满疫苗，若一次没有刺种，应重新蘸苗再刺。

③疫苗稀释后应保证一小时内用完。

5. 免疫监测

在兽医学抗感染技术中，只做免疫是不够的，应定期对免疫效果及疫病感染情况进行监测，了解抗体的水平，这对制定防疫计划是很重要的。在实际工作中常用的血清学试验方法有以下几种：

（1）鸡白痢全血平板凝集试验。

（2）霉形体全血或血清平板凝集试验。

（3）鸡传染性法氏囊病琼扩试验。

（4）鸡新城疫红细胞凝集抑制试验。

（5）鸡减蛋综合症红细胞凝集抑制试验。

6. 免疫程序

免疫程序必须依据疫病流行的情况及其规律，针对鸡群的品种特性、用途、日龄，同时参考母源抗体水平、饲养条件、环境状况以及疫苗的种类、毒力、免疫途径等方面的因素制定，不能生搬硬套。在实际应用中要针对本地区疫病流行情况的特点及鸡群状况随时调整。具体免疫程序参考下表：

表 10-1　蛋种鸡免疫程序

日龄（天）	免疫病名、疫苗种类、免疫方法
1	马立克氏病疫苗　注射
5	新城疫＋传染性支气管炎弱毒苗　滴鼻
5	传染性支气管炎灭活苗　注射

续表 10-1

日龄（天）	免疫病名、疫苗种类、免疫方法
10	新城疫灭活苗注射＋新城疫弱毒苗　滴鼻
10	鸡痘弱毒苗　刺种
12	传支 4/91　滴鼻
14	传染性法氏囊炎弱毒苗　饮水
21	传染性法氏囊炎弱毒苗　饮水
25	新城疫Ⅳ系＋传支 H120 苗　点眼
35	传染性喉气管炎弱毒苗　点眼
50	传染性鼻炎灭活苗　注射
56	传支 4/91 苗　滴鼻
60	新城疫Ⅳ系苗　气雾
77	传喉弱毒苗　点眼
80	传支 H120 苗　滴鼻或饮水
90	传染性脑脊髓炎＋鸡痘二联弱毒苗　刺种
110	新城疫Ⅳ系苗　气雾
115	传染性鼻炎灭活苗　注射
126	新城疫＋法氏囊＋减蛋综合症三联灭活苗　注射
126	传染性支气管炎灭活苗　注射
上笼后每隔 7～8 周用新城疫Ⅳ系苗气雾一次	

五、消毒与消毒药

1. 消毒的概念和作用

（1）概念：消毒是指清除或杀灭外环境中或机体表面的病原微生物。

（2）消毒的作用：杀灭或清除外环境中的病原微生物，切断传播途径，打断流行过程的连续性、阻止传染病的传播，以达到预防传染病的目的。

2. 消毒药物的分类及特点

（1）醛类消毒剂：常用的是福尔马林（含40%的甲醛）。其特点是杀菌力强、价格便宜、使用方便。

（2）含氯消毒剂：常用剂型有漂白粉、次氯酸钠等。其特点是价格低廉，易分解。

（3）过氧化物消毒剂：常用剂型有过氧乙酸和过氧化氢。其特点是：杀菌谱广、高效、速效及可在低温条件下应用。

（4）季铵盐类消毒剂：常用的新洁尔灭、百毒杀和1210等。其特点是低浓度有效，副作用小，无色、无嗅、无刺激，性质稳定。

（5）其它类的消毒剂：除以上四类消毒剂外，还有醇类、碘制剂、高锰酸钾和碱类等消毒剂。

3. 常用的消毒方法及注意事项

（1）火焰消毒：指以煤油为原料专用火焰消毒器具进行消毒的方法。常用于对铁质笼架、器具以及墙壁地面的消毒。采用此种方法应注意的问题：

①只能用煤油为燃料。

②操作过程中应避开易燃物品和设备以免着火。

③被消毒物品表面干燥时才能保证消毒效果。

④严格按要求操作以免发生危险，特别是发生故障时要灭火后再修理。

（2）喷洒消毒：指将消毒剂溶于水中用专用器械对被消毒对象进行喷洒。根据对象不同分为空舍消毒、带鸡消毒和环境消毒。进行喷洒消毒时应注意的问题：

①空舍消毒时应选用杀菌效果确实有效的药物，在操作时适当加温可提高消毒效果，消毒人员在操作过程中应穿戴

防护手套和防毒面具。

②环境消毒应选用灭菌力强且不易挥发的消毒剂，操作人员应穿雨靴，戴防护面具和手套，喷洒时应顺风进行，确保人员安全。

③带鸡消毒：应选用比较温和，刺激性较小的药物。带鸡消毒应按计划进行，并长期坚持，方能发挥防病效果。进行带鸡消毒时药液量要适当，多雨潮湿季节应适当减少药液量。操作过程中应关灯、关风机及取暖设备，消毒后15～20分钟方可进行通风。

（3）熏蒸消毒：指应用强氧化剂与福尔马林按一定比例混合后产生的蒸汽进行消毒的方法。一般选用高锰酸钾与福尔马林混合使用，其比例为1∶2，另外还要按福尔马林剂量的1/2加水。薰蒸消毒应注意的问题：

①应保证一定的温湿度，其适宜温度应高于25℃，湿度为60%～80%，才能保证效果。

②薰蒸消毒应选用耐热耐腐蚀的容器。

③要对房舍严密封闭。

④消毒后，应在进鸡前2～3天开启门窗及通风设备，并冲去地上的反应残碴，以消除刺激性气味。

（4）浸泡消毒：指选用不易挥发的消毒剂，配制一定浓度的溶液，将需要消毒的物品在其中浸泡一定时间，以达到消毒目的。此种方法常用于小件物品的消毒、脚踏消毒、洗手消毒、防疫服的消毒以及车轮消毒等。应注意的问题：

①应针对不同的对象选择适合的消毒剂以免造成损伤。如食盘、粪盘和脚踏消毒可选用火碱；洗手消毒可选用新洁尔灭或百毒杀；防疫服消毒可选用次氯酸钠。

②药液浓度要确实，消毒物品要先经过清洁处理。

③消毒后的物品要经过清水冲洗，才能使用（主要指饮水器具）。

（5）其它消毒方法：在生产实践中常用的消毒方法还有饮水消毒和擦拭消毒。饮水消毒主要指在饮水中加入一定量的消毒药物，以达到净化水质和消毒饮水系统的目的。擦拭消毒主要针对一些特殊的设备和部位，由于无法或不允许采用一般方法进行消毒处理。例如孵化器和其它设备的电器部件。

4. 消毒程序

消毒作为综合防制的一项重要措施，在实际应用中需要根据综合防制的要求，进行科学的计划和安排，形成一套严密完整的控制体系，最大限度地发挥消毒措施的效力。这就需要对消毒剂，消毒的方式方法，消毒工作的实施安排以及消毒效果的测定等方面进行统盘考虑。使之与免疫工作相配合。

六、环境控制

1. 环境控制的概念和内容

一般所说的环境因素是指与鸡群生长发育和生产活动有关的一切外界条件，通常包括舍内小环境和舍外大环境。其内容包括两大方面：①环境因素包括温度、湿度、气流、光照等；②饲养管理因素包括饲料、饮水和饲养密度等。

2. 协调通风换气，降低粉尘和有害气体含量

（1）正确处理好通风和保温的关系，保证舍内空气新鲜。

（2）舍内粉尘的来源：舍内粉尘主要由饲养管理工作引起。例如：喂干粉饲料、清扫地面、调群抓鸡和清粪等都会使舍内粉尘大量增加。

(3) 粉尘的危害：粉尘对鸡群的健康有直接影响，粉尘可降落在眼结膜上，可被鸡群吸入呼吸道，如鼻腔、气管等。如果粉尘中吸收有害气体和载有病原微生物等将会对鸡群健康产生严重影响。

(4) 减少舍内空气粉尘的措施

①栽树种草，建立绿色植物防护带。

②选用颗粒饲料，必要时可选用潮拌料。

③冬春干燥季节应禁止干扫地面。

④坚持定期对舍内环境进行消毒处理。

⑤保证通风换气。

(5) 有害气体的种类及危害

①鸡舍内有害气体主要是氨气、硫化氢。

②氨的毒性：低浓度氨对粘膜有刺激作用，能引起结膜和上呼吸道粘膜充血、水肿、分泌物增多，甚至发生喉头水肿、支气管炎、肺出血等。在低浓度氨的长期毒害下，机体对传染病的抵抗力明显减弱。鸡对氨气格外敏感，20毫克/升即可引起角膜炎，并使发病率大大提高，50毫克/升能使呼吸减弱，产蛋下降。甚至在5毫克/升的长期作用下，鸡的健康也会受到影响。

③硫化氢的毒性：硫化氢对粘膜产生刺激引起眼炎、出现流泪，引起气管炎、出现咳嗽等。在较低浓度硫化氢的长期影响下，鸡群体质变弱，抗病力下降，同时易发肠胃炎。浓度过高时会引起窒息死亡。

(6) 消除有害气体的措施

①及时清除粪便，有条件的最好选用日清粪或隔日清粪，特别是多雨潮湿季节更要注意。

②避免饮水系统渗漏，对使用水槽饮水的鸡舍在刷洗擦拭水槽时应避免脏水洒到粪沟内，并及时疏通下水道保证污水的正常排出。

③合理换气，排出舍内有害气体，保证舍内空气清新。

④在饲料中加入生物制剂减少有害气体的产生。例如在饲料中添加“惠康宝”可有效抑制氨气的产生。

3. 搞好环境保护，减少环境污染

（1）环境保护的意义。环境保护主要是对自然环境的保护，主要包括大气、水、土壤等因素。在养鸡业大规模、集约化、高密度饲养的今天，大量的粪便排放到周围环境中，对环境造成了严重的污染。污染的环境可使鸡群疾病频繁发生，生产水平降低，造成效益降低甚至亏损。所以环境保护关系到畜牧业的稳定发展，其意义深远而重大。

（2）环境污染的途径及危害

①空气污染：主要是畜禽粪便及其它废弃物产生的难闻气味，包括氨、硫化氢和粪臭素等。

②水质污染：包括有机质污染和微生物污染。水被病原微生物污染后，引起某些传染病的传播和流行。

③土壤污染：主要通过污染的水和大气造成。特别是由于粪便处理不当，其中含有病原微生物和虫卵，可在土壤中长期存活或繁殖，扩大传染源。所以粪便必须经过堆肥发酵或其它方法的无害处理才能施于农田。

（3）环境保护的环节及措施

①从环境保护的观念出发，合理规划场地。

②鸡粪无害化处理。

③污水处理。

④绿化环境，减少粉尘，净化空气。

(4) 搞好环境卫生，减少自身污染。作为一个鸡场来说，搞好环境卫生是综合防制工作的基础。新建鸡场刚开始养鸡，环境相对比较干净，卫生状况较好，鸡群的疾病也较少，特别是大肠杆菌病等条件性传染病危害就很轻微。随着养鸡时间的延长，条件致病菌的危害就越来越严重，即使使用了大量的消毒剂和抗菌素也无明显效果。究其主要原因就是不注意环境卫生，特别是场区粪便污染严重，导致本场环境污染自身的鸡群，反过来发病鸡群又会污染环境，这样就走进了恶性循环。所以在养鸡场的经营活动中要特别注意环境保护，及时治理环境污染，这对企业的稳步持续发展具有重要意义。

七、防疫措施

1. 一般性防疫措施

(1) 场区的防疫措施

①鸡场防疫，禁止参观。

②外来车辆禁止入内，批准进入时必须经过消毒处理。

③禁止将外来活禽类带入场内。

④经常保持场区内的清洁卫生，并定期进行消毒。

(2) 生产区防疫措施

①生产区严格防疫，禁止参观。

②本场职工进入生产区，应洗澡更换防疫服及鞋帽，进行脚踏消毒和洗手消毒。

③车辆需要进入时必须经过消毒。

④禁止在生产区内养猫、狗等动物。

⑤禁止将防疫服穿出生产区。

⑥经常保持生产区内环境的清洁卫生,并定期进行消毒。

⑦防疫服每周清洗 1～2 次，经常保持清洁卫生。

（3）鸡舍防疫措施

①进入鸡舍必须经过脚踏消毒和洗手消毒。

②禁止串栋和串用物品。

③拣蛋前应洗手消毒，并且应先拣合格种蛋后拣不合格种蛋。

④死鸡及时拣出，并禁止随处乱放，喂料、匀料、拣蛋过程中禁止拣死鸡；拣死鸡后应洗手消毒。

⑤协助技术人员做好本栋鸡群的免疫、消毒、检疫和投药等工作。

⑥发现鸡群异常情况及时向兽医技术人员报告。

⑦经常保持舍内环境卫生并定期消毒。

⑧后勤维修人员进入有鸡栋舍必须穿专用防疫服并按要求消毒。

⑨特殊情况按兽医临时防疫要求执行。

（4）种蛋库防疫措施

①进入种蛋库首先进行洗手消毒。

②鸡舍种蛋捡出后应及时拉回，立即进行薰蒸消毒。

③选种蛋前应进行洗手消毒。

④每天下班前应将库内地面冲刷干净，并对室内环境进行薰蒸消毒。

⑤每天拉完最后一车种蛋应对车辆进行冲刷消毒以备第二天使用。

⑥使用过的蛋箱、蛋盘，应经过浸泡消毒方可再次使用。

2. 发生疫病时的紧急防疫措施

（1）鸡群突然死亡增加或生产水平大幅度下降而怀疑是传染病时，应立即通知专业技术人员。

（2）初步诊断为传染病时，应立即向主管人员报告并采取必要的消毒隔离措施。

（3）当确诊为某种传染病时，应立即向主管人员报告并针对不同情况分别采取如下措施：

①若发生危害性极大或新发生的恶性传染病应对发病鸡群采取全群扑杀措施，并对邻近鸡群严密隔离封锁，加强消毒措施。

②若发生一般的病毒性传染病，应对发病鸡群和易感鸡群进行紧急免疫接种。

③若发生细菌性或寄生虫性病时，应对发病鸡群进行药物治疗，易感鸡群采取必要的预防措施。

（4）发生传染病时，除采取必要的紧急措施外，从发病之日起到完全康复为止，每日对发病鸡群和易感鸡群进行带鸡消毒1～2次，对周围环境每日消毒一次。

（5）对因传染病死淘的鸡只，必须进行焚烧。

（6）疫病流行结束后，应认真分析本次流行的原因，总结防制经验，制定科学有效的防疫措施，防止疫病反复发生。

八、种鸡疾病净化

1. 种鸡疾病净化的概念和意义

（1）概念。种鸡的疾病净化是针对鸡白痢、霉形体和淋巴白血病而言。这几种病能够经种蛋传递给下一代，严重影响鸡的生长发育、存活率和生产水平的发挥。

（2）疾病净化的意义。养鸡业迅速发展，饲养场家对种蛋和雏鸡的质量提出越来越高的要求。这是因为产品质量直接关系到饲养场家能否养好鸡的大问题。种鸡场的任务是向下一代种鸡场或商品场提供高质量的种蛋或雏鸡。只有对种鸡群进行疾病净化才能使种鸡场保证产品质量，维护本场的声誉和经济效益。

2. 疫病净化的方法

种鸡场疾病净化工作是一项综合性技术工作，需要长期坚持才能搞好，在实际工作中，除了做好一般性的卫生防疫工作以外，还要坚持净化工作，其主要方法如下：

（1）淋巴白血病的检疫净化。本病净化主要针对原种和祖代鸡群。目前国内检疫淋巴白血病采用琼脂免疫扩散试验和酶联免疫吸附试验。前一种是检查羽髓中的抗原，一般在18周和留种蛋前各检测一次。后一种主要用于检查种蛋蛋清中的抗原，对雏鸡可以检查粪便中的抗原。

（2）鸡白痢检疫净化。本病在各代次种鸡中都要进行净化。一般采用全血平板凝集试验方法。正常检疫在18周龄和留种蛋前各检测一次。

（3）鸡霉形体检疫净化。本病的净化工作比较复杂，不能简单地靠剔除感染鸡的方法来净化。应从鸡群整体出发，采取综合性的净化措施，逐步降低阳性率，最终达到净化目的。常用方法有以下两种：

①药物控制：雏鸡期投给敏感药物，如支原净、泰乐菌素、利高霉素和恩诺杀星等。

②疫苗接种：对种鸡群接种霉形体油佐剂灭活疫苗可以

很大程度上减少经蛋传播。

九、孵化卫生管理

1. 孵化厅的隔离消毒措施

（1）孵化厅严格防疫禁止参观。

（2）本场职工进入孵化厅应洗澡更换防疫服，并在门口进行洗手消毒和脚踏消毒。

（3）种蛋进入孵化厅前应进行薰蒸消毒。

（4）孵化室、出雏室门口应设消毒盘，以便出入时进行脚踏消毒。

（5）孵化室与出雏室应严格隔离避免污染。

（6）孵化和出雏结束后，应对使用的所有器具物品进行冲刷和严格消毒。

（7）孵化厅在正常生产过程中应经常保持清洁卫生，并保证每天对地面喷洒消毒 2～3 次。

（8）孵化、鉴别、免疫注射等工作人员，在工作之前应进行洗手消毒。

（9）外来接雏人员不得进入孵化厅。

2. 孵化卫生状况监测

对孵化厅卫生状况经常监测，不仅可以准确掌握孵化各环节消毒工作的效果，而且可以发现污染来源和防疫薄弱环节。以便及时采取有效措施进行控制和消除。监测的主要内容包括：

（1）孵化厅内外环境、空气中微生物监测。

（2）孵化器、出雏器内空气中微生物监测。

（3）孵化厅内地面微生物监测。

（4）孵化厅、孵化器、出雏器及其附属设备消毒效果测定。

（5）种蛋消毒效果测定。

（6）孵化过程中各期死亡胚胎、毛蛋及残弱雏的微生物学检查。

3. 孵化废弃物的处理

孵化过程中的温湿度适合细菌的生长和繁殖。如果隔离、消毒不彻底，很容易造成病原微生物的污染和传播。所以要对孵化废弃物进行严格的隔离、消毒和无害化处理。孵化过程的废弃物包括：绒毛、死胚、蛋壳和死亡雏鸡。孵化器和出雏器中的绒毛、粉尘应用专用设备收集消毒处理后方可排放。死胚、蛋壳和死亡雏鸡应密封后运出场外，进行焚烧或加热膨化。

十、药 物 防 治

1. 药物的分类

根据其功效不同，家禽常用药物可分为以下两类：

（1）维生素及添加剂类：如多种维生素、钙磷、微量元素和电解质平衡用药。

（2）抗微生物药：包括各类抗菌素和杀虫药。

2. 药物的用法

临床用药的方法主要包括以下几种：

（1）溶水。

（2）拌料又称混料，采用此方法要特别注意搅拌均匀，以保证药效和避免药物中毒。

（3）注射：常用肌肉注射和皮下注射。

（4）喷雾。

（5）口服：将药物直接注入口腔，适用于个体治疗。

（6）喷喉：将药物稀释后用注射器直接喷到喉部。

3. 临床应用抗微生物药物的基本原则

（1）依据药敏试验结果来选择用药，做到有的放矢，减少盲目性用药。

（2）用量和疗程应根据鸡群日龄大小和疫情轻重选择剂量。抗菌药物疗程一般为3～5天。

（3）防止产生耐药性。临床上不要长时间使用一种抗菌药物，更不可盲目加大剂量，应交替使用不同类药物，以减少抗药性的产生。

（4）防止影响免疫：要注意抗生素对疫苗和免疫反应的影响，特别是活菌苗免疫前后应停用。

（5）强调综合性治疗措施：抗生素多为抑菌作用，为了提高药效，应改善饲养管理，搞好环境卫生，并且加强消毒工作。

（6）防止产生配伍禁忌：联合用药时应避免产生配伍禁忌；四环素类、青霉素类和磺胺类药物最好单独使用。

4. 影响药物作用的因素

影响药物作用的因素有来自药物方面、来自畜禽品种和饲养管理等方面。主要包括：

（1）药物的化学结构。

（2）药物的剂量。

（3）药物的使用方法。

（4）品种、日龄和机能状态。

（5）饲养管理水平和环境因素。

十一、生物制剂在鸡病防治中的应用

1. 概念

生物制剂是指用动植物或微生物生产的用于养殖业的产品，主要包括微生态制剂、免疫促进剂、酶制剂和环保制剂等。

2. 作用特点

（1）微生态制剂又称活菌制剂，菌种一般来自人或动物肠道。当动物体遇到感染、应激和用药不当等情况，可造成肠道菌群失调，有害菌大量繁殖使动物体发病。活菌制剂进入机体后，可在肠道生存并大量繁殖，抑制有害菌的繁殖，从而保证肠道正常菌群的生态平衡，而且大量有益菌可在肠道粘膜上形成生物薄膜，减少病原接触肠粘膜的机会，对防治由大肠杆菌、沙门氏菌引起的肠道疾病有显著效果。

（2）免疫促进剂：指从动植物体提取的能提高和增强动物体免疫力和抗病力的一类产品。应用免疫促进剂，不仅能促进细胞免疫，还能促进体液免疫，促进动物体产生干扰素。例如“福乐健”是一种细胞免疫促进剂，它对鸡常发的细菌病和病毒病有特异性免疫促进作用；此外，它还具有非特异性免疫促进作用。在发生传染病时，对发病鸡群和易感鸡群，进行紧急接种免疫的同时，使用“福乐健”可使死亡率快速大幅度下降，对控制疫情有明显效果。

（3）酶制剂：酶是由活细胞合成的蛋白质，具有高度的催化性和专一性。酶在动物体内，可使蛋白质、碳水化合物、脂肪等营养成分的消化利用率明显提高。动物体内虽有正常的酶存在，但有时不能满足机体的需要，加之鸡消化道较短，饲料在消化道内不能充分消化吸收，这就需要在饲料中补充酶类。例如：在饲料中加入蛋白酶、淀粉酶等消化酶，可以提高机体对饲料的消化和利用，从而促进增重和增强机体抵抗力。

（4）环保制剂：环保制剂是指可用于改善环境状况的生物制剂。例如“惠康宝”是一种天然植物制剂，将它添加到饲料中，能够抑制氨气产生，从而降低鸡舍中氨气的浓度，减少呼吸道疾病的发生，提高动物体免疫力。在炎热的夏季可显著降低热应激反应。

生物制剂在使用时，不可能在短时间内就显示出效果，往往需要较长时间，坚持使用才能看出明显作用。正确使用生物制剂由于改善了鸡舍环境，提高鸡群的抗病能力，可显著地降低鸡群死淘率；同时由于鸡体体质增强，鸡的生产能力得到了充分发挥，可使生产水平得到提高，明显地增加经济效益。

十二、疾病与诊断

1. 疾病的病因和分类

疾病的病因常分为两大类。一类是由生物因素引起的，而具有传染性，称传染性疾病。另一类由非生物因素引起的非传染性疾病。

（1）传染性疾病。传染性疾病都有其特定的病原微生物。病原微生物的种类包括病毒、细菌、霉形体、真菌和寄生虫等。

鸡的病毒性疾病主要有：新城疫、传染性支气管炎，传染性法氏囊炎、鸡痘、传染性喉气管炎、马立克氏病、淋巴白血病、产蛋下降综合症、禽脑脊髓炎和禽流感等。

鸡的细菌性疾病主要有：大肠杆菌病、鸡白痢、禽霍乱、传染性鼻炎和葡萄球菌病等。

（2）非传染性疾病。非传染性疾病又称普通病。主要有营养代谢病、中毒病、外科病以及由管理因素引起的其它疾病。

鸡常见的非传染性疾病主要包括：维生素和微量元素缺乏症、霉菌毒素中毒、食盐中毒和各种外伤等。

2. 疾病诊断的方法

疾病诊断的基本方法包括：流行病学调查、临床观察、病理剖检和实验室诊断。

（1）流行病学调查。主要内容包括鸡群的品种、日龄、饲养管理情况、生产性能、疫情和病史，以及发病的时间、传播速度、用药情况、发病率和死淘率等。

（2）临床观察

①全群状态观察：主要观察鸡对外界的反应，采食、饮水、呼吸和运动状态等有无异常；另外还要观察冠、髯、喙、趾和羽毛颜色的改变，以及粪便颜色和性状的变化。

②病鸡个体检查：在全群状态观察中挑出病鸡进行个体检查。个体检查主要包括：体温测定、头部检查、胸廓检查、腿和关节检查、腹部和泄殖腔检查。

（3）病理剖检。剖检包括外部检查和内部检查。外部检查的内容与病鸡个体检查相近；内部检查的内容主要包括：皮下检查、内脏检查、口鼻腔及喉头气管的检查、外周神经检查、脑部检查。

①皮下检查：观察皮下有无渗出物、出血、水肿；观察胸、腿肌有无出血、变性、坏死；检查胸骨是否变形；检查

胸腺的大小和颜色，有无肿胀、出血。

②内脏检查：检查各脏器的位置、大小、颜色、质地，有无贫血、出血、变性和坏死；检查体腔内有无渗出液及其性状，各脏器间有无粘连；检查气囊是否增厚、混浊，有无渗出物及性状；检查胃肠道内分泌物的性状，粘膜有无充血、出血和溃疡；检查盲肠扁桃体和肠壁淋巴集结有无肿胀、出血和坏死；检查法氏囊的大小颜色，有无肿胀、出血以及内容物性状；检查卵巢发育，卵泡的大小、颜色和形状，有无增生、变性、变形、出血、坏死和萎缩；检查输卵管的发育情况，有无萎缩，有无充血、水肿和渗出物。

③口腔、鼻腔、喉头、气管的检查：主要检查粘膜有无充血、出血，内容物及其性状。

④外周神经检查：主要检查迷走神经，坐骨神经，腰荐神经丛和臂神经。对比观察神经的粗细、颜色、光滑度和横纹。

⑤脑部检查：观察脑膜有无充血、出血，脑组织是否软化等。

（4）实验室诊断。包括病原学检查、血清学检查和组织学检查。

①病原学检查：主要包括病料采集、分离培养、鉴定和动物试验等。

②血清学检查：主要包括凝集反应、免疫扩散试验、红细胞凝集试验和凝集抑制试验。

③组织学检查：是指组织切片检查。

3. 疾病诊断的一般程序

疾病诊断的方法有多种。在实际生产中把多种诊断方法有机地结合起来，既要全面又要实用，采取综合性诊断方法，以避免误诊。一般诊断程序如下：

（1）日常工作中应坚持每天早晚定时观察鸡群，了解鸡群的精神状况、采食及生产情况。发现异常情况，及时查找原因。

（2）发现鸡群异常情况，进一步对全群状况和个体病鸡进行细致观察，并对死、淘鸡只进行病理剖检。

（3）根据饲养管理情况，首先排除人为应激和中毒疾病发生的可能。

（4）根据流行病学情况和临床诊断确定是否为传染性疾病。

（5）初步诊断为传染病时，应进一步采取实验室诊断方法以求确诊。

（6）当发生疫病为新发病或不能确诊时应将新鲜病料或病死鸡送专业诊断部门，亦可请有关专家到现场帮助诊断。

第二节　常见鸡病防治

一、病毒性疾病

（一）鸡新城疫

鸡新城疫又叫亚洲鸡瘟。它是一种由病毒引起的高度接触性、急性败血性传染病。主要特征为呼吸困难、下痢、神经机能紊乱、粘膜和浆膜出血。

【一】病原：本病的病原是新城疫病毒，它对热抵抗力比较强，对酸碱的适应范围较广，对消毒药的抵抗力较弱。

【二】流行特点：许多种类家禽对本病都有易感性，其中以鸡最为敏感，老鸡敏感性低。本病的主要传染源是病鸡、死鸡以及带毒鸡。某些鸟类可传播此病。病鸡从口鼻分泌物和粪便排出病毒，疫病流行过后的带毒鸡，是造成本病流行的原因之一。

本病主要是通过呼吸道和消化道感染，病鸡的分泌物及排泄物，血、肉、内脏、羽毛和消化道内容物等，是主要的传染来源。

【三】临床症状：潜伏期一般为 3～5 天，根据病毒毒力的强弱和病程的长短，可分为最急性、急性和亚急性或慢性三种类型。

最急性型：病鸡常常没有任何症状而突然死亡。

急性型：病鸡体温高到 43℃，采食减少或根本不吃。精神不好，离群呆立，缩颈闭眼。鸡冠肉髯呈紫红色或紫黑色，呼吸困难，伸脖张口，甩头，发出“咕咕声”或“咯咯”声，有时打喷嚏。倒提鸡时从口内流出大量淡白色液体。嗉囊内充满液体或气体。拉稀，有时带血。蛋鸡产蛋减少或停止。

亚急性或慢性：由急性转来，病鸡初期症状同急性型，表现为明显的呼吸症状，病程稍长的则出现神经症状，转圈，头后仰或向一侧扭曲，少数病鸡可自愈，成年鸡发病除较轻的一般症状外，主要表现为产蛋急剧下降，软蛋较平时明显增多，或有拉稀症状。

【四】病理变化：嗉囊中充满气泡的酸性液体；腺胃粘膜水肿，乳头顶端或乳头之间出血，有的在肌胃角质膜下有出血斑点；盲肠扁桃体肿大、出血、坏死。小肠粘膜有枣核样纤维素性坏死灶；直肠粘膜出血。

【五】防治措施：通过卫生管理和疫苗接种综合措施来预防新城疫的发生。鸡场一旦发生新城疫时，要求严格的封锁、隔离、消毒、扑杀病鸡和紧急预防接种等综合措施迅速扑灭病情。根据抗体监测的结果来指导免疫，是防止鸡新城疫最有效的手段。

目前我国生产的鸡新城疫疫苗有Ⅰ、Ⅱ、Ⅲ、Ⅳ等4个品系。Ⅰ系疫苗为中等毒力疫苗，其它三种疫苗为弱毒疫苗。在弱毒疫苗中，Ⅳ系疫苗毒力较强，Ⅱ系次之，Ⅲ系最弱。油乳剂灭活苗产生抗体慢，与弱毒苗联合使用，对于一些被新城疫病毒严重污染的鸡场，可以起到明显效果。一般在10日龄前用弱毒通过滴鼻点眼或大雾滴气雾免疫，10日龄用半个剂量油乳剂灭活苗注射免疫。以后每隔15～20天进行一次抗体监测，当鸡群中有20%的鸡抗体滴度在4 log2以下，就用Ⅳ系苗进行气雾免疫。在18～20周龄时对鸡注射一次油乳剂灭活苗。以后每2个月左右对鸡群进行一次Ⅳ系苗气雾免疫，使鸡群抗体保持在8 log2以上，以保持产蛋的稳定。

一旦发生疫情，可及时注射鸡新城疫高免蛋黄抗体，或用4倍剂量Ⅳ系苗紧急注射。

（二）鸡马立克氏病

马立克氏病是由病毒引起的一种鸡的肿瘤性疾病，以形成肿瘤为特征。

【一】病原：本病的病原是一种疱疹病毒，对环境中许多因素有较强的抵抗力，病毒可长期存在于鸡群中，能无限期地成为传播源。该病毒对化学药物较敏感。

【二】流行特点：马立克氏病遍布世界各国，很少有未被感染的鸡群。未经免疫或免疫失败的鸡群患病后，其死亡率约25%～30%，最高可达60%。本病主要感染鸡，被污染的场地可在较长时间内保持传染性。传染性法氏囊炎，传染性贫血病毒等可增加马立克氏病的发病率。

【三】临床症状：根据被侵害病变部位和临床表现可分为神经型、眼型、皮肤型和内脏型等四种。

（1）神经型：主要破坏坐骨神经、翼神经、颈部迷走神经和视神经等外周神经，而引起腿、翼、颈、眼的一侧性不全麻痹。

（2）眼型：一只眼或双眼瞳孔缩小，虹膜变为灰色并混浊。瞳孔变为不规则，视力减弱或失明。

（3）皮肤型：皮肤上患部毛囊周围的皮肤凸起，粗糙，呈颗粒状。肌肉形成灰白色肿瘤结节状隆起，大多数在胸肌和腿肌部出现。

（4）内脏型：主要侵害肝、脾、肾、肺、腺胃、卵巢、心脏等内脏器官，并形成肿瘤。

【四】病理变化：神经系统主要是周围神经干受侵害，常常使坐骨神经肿大2～3倍，呈淡黄色无光泽，纹理消失，有时结节状肿大。内脏中的性腺最易受侵害，其它肝、肾、心、肠管、腺胃、肠系膜、胰脏等器官，可能出现肿瘤病灶。肌肉病变以胸肌最常见，有大小不等的灰白色细纹结节状肿瘤。皮肤发生病变时脱毛，毛囊肿大，形成灰白色结节。

【五】诊断

（1）依据病史，一般呈慢性经过，往往2～5月龄的育成鸡易发生。

（2）临床症状和病理解剖，大多数的病鸡发生肿瘤病变。

根据发生的不同类型进行分别诊断。

（3）确诊须经过组织病理学检查。

【六】防治措施

（1）雏鸡出壳后应即注射疫苗。

（2）加强饲养管理，喂给全价饲料，搞好环境卫生，严格防范，减少应激。

（3）定期搞好出雏室和育雏舍的彻底消毒，防止早期感染。

（4）出现马立克氏单价疫苗免疫失败时，如果是因母源抗体的影响，可改用血清型不同的疫苗，如果是由于鸡场马立克氏病病毒污染严重或怀疑有超强毒马立克氏病毒存在，可用双价苗，多价苗或CVI988疫苗。

（三）鸡淋巴白血病

【一】病原：由禽白血病/肉瘤病毒群所引起。

【二】流行特点：本病的潜伏期长，各型白血病随鸡的日龄增长发病率增高，7～12月龄的鸡发病最多。母鸡较公鸡易感。

【三】临床症状：最多见的是淋巴细胞性白血病，也称为大肝病。主要表现消瘦、沉郁、冠及肉髯苍白或暗红，常见腹泻及腹部肿大。

【四】病理变化：病鸡的肝肿大5～15倍不等，肝质变脆并有大理石样纹彩；肿大的肝脏常可充满腹腔。此外，还可见肝、脾、肾肿大1～2倍不等。

【五】诊断：主要依靠流行病学情况和病理变化可初步诊断，同时要注意与马立克氏病鉴别诊断。确诊时须依据组织病理学检查。

【六】预防

（1）定期对种鸡群进行淋巴白血病检疫，淘汰阳性鸡。

（2）不从有淋巴白血病的种鸡场引种。

（3）雏鸡易感，应与成鸡隔离饲养。

（四）鸡传染性法氏囊炎

鸡传染性法氏囊炎是青年鸡的一种急性、接触性传染病。以脱水、骨骼肌出血、肾小管尿酸盐沉积和法氏囊肿大，出血为特征。

本病的危害主要使鸡的法氏囊受到破坏，导致免疫机能障碍，出现免疫抑制现象。

【一】病原：本病病毒对理化因素抵抗力较强。病毒在自然界存活时间较长，病毒对含氯化合物，含碘制剂，甲醛敏感。

【二】流行特点：本病的发生与日龄有密切关系，在自然条件下，2～11 周龄可发病，但以 3～6 周龄多发病，无母源抗体的雏鸡在出壳不久即可因感染野毒而发病。

病鸡及隐性感染的带毒鸡是本病的主要传染来源。污染的饲料、饮水、垫草、用具等皆可成为传播媒介。主要经呼吸道、眼结膜及消化道感染，本病在易感鸡群发病率很高，可达 80%～100%，死亡率高达 30%～60%。

【三】临床症状：本病潜伏期很短，感染后 2～3 天出现症状，早期为厌食呆立，羽毛蓬乱，畏寒颤栗等，继而部分鸡有自行啄肛现象。随后病鸡排白色或黄白色水样便，肛门周围羽毛被粪便污染。急性者出现症状后 1～2 天内死亡。

【四】病理变化：本病的特征变化是骨骼肌脱水，胸肌颜色发暗，股部和胸部肌肉常有出血，呈斑点或条纹状；有的出现黑褐色血肿。腺胃和肌胃交界处有出血斑或散在出血点。盲肠扁桃体出血肿大。法氏囊浆膜呈胶冻样肿胀，有的法氏囊可肿大 2～3 倍，法氏囊大多可见出血，严重者法氏囊外观呈紫葡萄状，病程长的法氏囊萎缩，有的法氏囊内有干酪样坏死物。肾肿大，呈斑纹状，输尿管中有尿酸盐沉积。

【五】诊断：根据流行病学特点，临床症状剖检病变可初步诊断本病。进一步确诊须依据病毒分离鉴定及血清学试验。

【六】防治

（1）加强饲养管理及卫生措施：加强鸡群的饲养管理，保持进雏时间的间隔，做好清洁卫生及消毒工作。

（2）免疫接种：通过有效的免疫接种，使鸡群获得特异性抵抗力。

①提高种鸡的抗体水平，种鸡除了在雏鸡阶段进行活疫苗免疫以外，为了提高子代雏鸡的母源抗体水平，还应在 18～20 周龄和 40～42 周龄时各进行一次传染性法氏囊炎油乳剂灭能苗的免疫。

②雏鸡的免疫：要根据雏鸡的母源抗体水平确定雏鸡的首免时间。雏鸡出壳后每间隔 3 天用琼脂扩散法或酶标法测定雏鸡的母源抗体，当鸡群的琼脂扩散法阳性率达到 30%～50%时进行首免，首免后 7～10 天进行二免。如果没有检测条件，可采用 12～14 日龄进行首免，20～24 日龄进行二免。所用疫苗为中等毒力疫苗。

有人认为，种鸡不进行灭能苗的免疫，雏鸡于 1 日龄注射 1 个剂量弱毒或 0.5 个剂量的中等毒力疫苗，然后分别在 8 日龄和 15 日龄各进行一次中等毒力疫苗饮水免疫。

（3）发病鸡群的防治

①加强饲养管理，适当降低饲料中的蛋白含量，提高维生素的含量。适当提高鸡舍的温度，饮水中加5%的糖或补液盐，减少各种应激。

②对鸡舍和养鸡环境进行严格的消毒，有机碘制剂，含氯制剂或福尔马林对此病毒有较强的杀灭作用。

③发病早期传染性法氏囊高免蛋黄匀浆及时注射，有较好的防治作用。有细菌病混合感染时，要投服对症的抗菌素控制继发感染。

（五）鸡传染性支气管炎

鸡传染性支气管炎是由病毒引起的急性、高度接触性的呼吸道传染病，其特征是病鸡咳嗽、喷嚏和气管发生罗音。产蛋减少，蛋质下降。

【一】病原：传染性支气管炎病毒属于冠状病毒，目前已分离出十几个血清型的毒株。病毒对外界的抵抗力不强，常用的消毒药均能在3～5分钟内将它杀死。

【二】流行特点：各种年龄、品种的鸡都可发病，但以雏鸡最严重。本病主要经过呼吸道感染，也可通过被污染的饲料、饮水及饲养管理用具，经过消化道感染。鸡群拥挤、过热、过冷、通风不良，缺乏维生素和微量元素以及饲料供应不足等，均可促进本病的发生，本病秋冬季节易流行。

【三】临床症状：幼龄病鸡表现为伸颈、张口、呼吸、咳嗽，有特征性的呼吸声响，尤以夜间听得更清楚。随着病情的发展，全身症状加重，精神萎靡，食欲废绝，羽毛松乱，翅下垂，昏睡，怕冷，常常挤在一起。还常见流鼻液，流泪。产蛋鸡的产蛋量下降25%～50%，产软皮蛋、畸形蛋或粗壳蛋。同时出现蛋白稀薄如水样，种蛋的孵化率降低。发生肾型传染性支气管炎时除表现呼吸症状外，还可见病鸡喜喝水，粪便呈水样排泄。雏鸡死亡率可达25%，患病的幼龄母鸡，其输卵管可造成永久性的损害，长成成鸡后成为“假产蛋者”。

【四】病理变化：主要病变是气管，支气管和鼻腔有浆液性或干酪样渗出物。雏鸡的鼻腔、鼻窦粘膜充血，有粘稠分泌物。产蛋母鸡的腹腔内可见液状卵黄物质。卵泡充血、出血、卵巢呈退化性变化。发生肾型传染性支气管炎时，则见肾脏肿大、苍白，肾小管或输尿管充满尿酸盐结晶。

【五】诊断：根据流行特点，临床症状和病理变化可作初步诊断，确诊须作病毒分离鉴定和血清学检查。

【六】防治措施：加强饲养管理和做好卫生消毒和免疫工作。为防止早期感染的发生，要特别注意每批鸡养完后，要彻底清圈消毒，至少空舍2周，才能进新鸡。

在免疫方面，一般情况下，1周龄时使用H120苗，采用滴鼻、点眼或饮水免疫，4～6周龄时使用H120疫苗饮水免疫，18～20周龄时用H52疫苗饮水或油佐剂灭活苗注射免疫。发生肾型传染性支气管炎时可于5～7日龄用MA5疫苗滴鼻、点眼免疫，18日龄时用当地分离的肾型传染性支气管炎病毒制作的油乳剂灭活苗免疫鸡群，28日龄时用MA5疫苗饮水免疫。

鸡群发病时，适当提高鸡舍温度，饲料中增加维生素的投予量，服用“补液盐”等措施可降低病鸡的死亡率，并发细菌性疾病时使用有效的抗菌素防治继发感染。

（六）鸡传染性喉气管炎

鸡传染性喉气管炎是由疱疹病毒引起的一种急性呼吸道传染病。其特征是呼吸困难、咳嗽和咯出含有血液的渗出物。

【一】病原：传染性喉气管炎病毒主要存在于病鸡的气管组织及渗出物中。本病毒对外界环境的抵抗力很弱。

【二】流行特点：本病主要侵害鸡，而且各种年龄及品种均可感染，但以成年鸡症状最有特征。病鸡及康复后的带毒鸡是主要传染来源，一般经呼吸道及眼内传染。鸡群拥挤，通风不良，饲养管理不好，缺乏维生素，都可促进本病的发生和传播。本病一旦传入鸡群，则迅速传开，感染率可达 90％以上。死亡率因饲养条件和鸡群状况不同而异，低的 5％左右，高的可达 50％～70％。

【三】临床症状：病鸡初期有鼻液，呈半透明状，眼流泪，伴有结膜炎。其后表现为特征性的呼吸道症状，即呼吸时发出湿性罗音，咳嗽，有喘鸣音。严重病例高度呼吸困难，痉挛咳嗽，可咯出带血的粘液。若分泌物堵住气管时，可窒息死亡。病鸡食欲减少或消失，鸡冠发紫。产蛋鸡的产蛋量迅速减少或停止，康复后 1～2 个月才能恢复。

【四】病理变化：主要病变在气管和喉部，病初粘膜充血、肿胀、有粘液。进而发生变性、出血和坏死。有黄白色纤维性干酪样伪膜。咯出的分泌物中混有血凝块以及脱落的上皮组织。严重时炎症也可波及到支气管、肺。

【五】防治措施：目前尚无有效治疗药物，发病时，可对症治疗，并用抗菌药物防止继发感染。饲养管理用具及鸡舍要进行消毒，病愈鸡不可与易感鸡混群饲养。在本病流行地区，可通过点眼、滴鼻接种弱毒疫苗免疫鸡群。第一次免疫时间为 4 周龄左右，6 周后进行第二次免疫。

（七）禽痘

禽痘是禽类常见的一种高度接触传染的病毒性疾病。秋冬季发病率较高。皮肤型禽痘以皮肤结节状增生为特征，粘膜型鸡痘以上消化道和呼吸道出现增生病变为特征。

【一】病原：是禽的一种痘病毒。禽痘病毒对外界环境的抵抗力很强，一般消毒药物易杀死。

【二】流行特点：禽痘主要发生于鸡，各种年龄、性别和不同品种的鸡都可感染，以雏鸡最为严重。

病毒通常存在于病禽脱落下的皮屑、粪便、喷嚏或咳嗽等排泄物中。传染主要通过皮肤或粘膜的伤口。某些吸血昆虫能够携带病毒，这可能是夏秋造成鸡痘流行的一个原因。

【三】临床症状：根据症状、病变可分为皮肤型、粘膜型和混合型。

（1）皮肤型：首先在头部无羽毛部如冠、肉髯、耳垂、眼睑和口角发生一种灰白色的小结节，很快增大变为灰黄色的痘疣，并与临近的结节互相融合，形成大的痘痂，痘痂呈褐色或黑红色，干燥表面粗糙不平。如病变范围大，表现精神沉郁，食欲不佳，体温升高，产蛋减少或停止。

（2）粘膜型：在口腔、咽喉和气管粘膜上发生痘疹。初期呈现黄白色的圆形、稍突起的斑点，逐渐扩散成为白喉样伪膜，不易剥离。喉头有伪膜时，可引起呼吸困难。

（3）混合型：在鸡冠、肉垂和皮肤上出现痘疹，并可在口腔、喉头发生白喉伪膜。

【四】诊断：鸡痘的典型皮肤病变可以作为诊断的依据，

但如表现为粘膜型和混合型感染时，则需进行实验室诊断。

【五】防治措施：加强饲养管理，保持良好的环境卫生，定期作好鸡舍和用具的清洁消毒，及时扑灭蚊虫，可取得较好的预防效果。治疗无特效药物，只能采取对症疗法。粘膜型剥离伪膜后涂碘甘油。接种疫苗预防禽痘，经多年实践证明有效。多采用翼翅刺种法进行免疫，第一次免疫在10～20日龄左右，第二次免疫在产蛋前1～2月进行。在禽痘高发的地区和季节，可重复免疫接种。接种后7～10天观察禽群有无“出痘”现象，以确定免疫的效果。一般接种后10～14天产生免疫力。

（八）鸡产蛋下降综合症

鸡产蛋下降综合症是一种病毒性传染病。主要表现群发性产蛋下降，产蛋异常、蛋体畸形、蛋质低劣等症状。

【一】病原：引起本病的病毒，属于腺病毒，病毒对乙醚、氯仿及酸性环境有抵抗力。

【二】流行特点：本病主要感染鸡，品种有差异，26～35周龄的所有品种鸡都可感染，尤其是产褐壳蛋的母鸡最易感。

本病的传播途径，既可水平传播，又可垂直传播。被感染的鸡可通过种蛋和公鸡的精液传递给下一代。

【三】临床症状：感染鸡群没有明显的临床症状，产蛋鸡突然出现群体性的产蛋下降，产蛋率下降20%～30%，甚至50%。同时，产出薄壳蛋、软壳蛋、无壳蛋、小蛋、畸形蛋，蛋表面粗糙，如白灰、灰黄粉样，褐壳蛋则色素消失，颜色变浅，蛋白水样，蛋黄色淡，或蛋白中混有血液异物等。种蛋的孵化率明显降低，并出现弱雏增加，死胚增加，产蛋下降持续 4～10 周后又恢复到正常水平。

【四】病理变化：产蛋下降综合症没有明显的特征性的病理变化。病鸡的卵巢萎缩、变小或有出血，子宫及输卵管粘膜有炎症，卡他性肠炎。

【五】诊断：本病可根据发病特点、临床症状、病理变化、血清学及病原分离鉴定等方面进行分析、诊断。

【六】防治措施：预防接种是本病主要的防制措施。可采用油乳剂灭活苗注射免疫鸡群。未发病的鸡场可在 18～20 周龄免疫；污染场应在 10～14 周龄免疫。一般免疫后 7～10 天可产生抗体，21 天抗体达到高峰。

（九）鸡传染性贫血病

鸡传染性贫血病是由鸡贫血病毒引起的雏鸡再生障碍性贫血，全身淋巴组织萎缩、皮下和肌肉出血及高死亡率为特征的一种免疫抑制性疾病。

【一】病原：鸡贫血病毒暂时归入细小病毒属。该病毒耐热、耐酸，对酚敏感能抵抗季铵类化合物。次氯酸钠、碘酊、戊二醛等可灭活病毒。

【二】流行特点：鸡是鸡传染性贫血病毒唯一的宿主，主要发生在 2～3 周龄内的雏鸡，1～7 日龄雏鸡最易感。随着日龄的增长，其易感性、发病率和死亡率逐渐降低。鸡贫血病毒引起鸡免疫抑制，可促使马立克氏病的暴发。

本病能经种蛋垂直感染，也可通过水平传染。

【三】临床症状：本病的症状特征是贫血。病鸡表现为精神沉郁、消瘦、苍白、翅膀皮炎或蓝翅，死亡率通常为10%～15%，濒死鸡可见腹泄。血稀如水，血凝时间延长，血细胞容积可降低到20%以下。

【四】病理变化：主要表现为骨髓呈黄白色，胸腺与法氏囊显著萎缩，肝、脾、肾肿大，退色，有时肝表面见坏死灶，有的心肌及皮下出血。

【五】诊断：根据病鸡的发病日龄、症状、病理变化、流行情况可初步诊断，确诊本病必须进行病原分离鉴定和血清学检查。

【六】防治措施：首先要做好马立克氏病、传染性法氏囊炎等病的免疫，以降低雏鸡对传染性贫血病的易感性。其次，为防止雏鸡感染暴发此病，可对种鸡进行疫苗接种，使子代雏鸡具有母源抗体而防止发病。德国已研究出传染性贫血弱毒冻干疫苗，其用法是对13～15周龄的种鸡饮水免疫，种鸡免疫后6周所产的蛋做种蛋。

二、细菌性疾病

（一）鸡大肠杆菌病

【一】病原：大肠杆菌是革兰氏阴性中等大小杆菌，本菌对外界不利因素抵抗力不强，一般常用消毒药易杀死。本菌繁殖速度极快，病原性菌株一般能产生内毒素和肠毒素。

【二】流行特点：本病可感染不同日龄鸡群使其发病，尤以育雏期更易感染。粪便污染是本病的主要传染源。感染途径：消化道感染，呼吸道感染，生殖系统感染，种蛋污染以及孵化过程感染。粉尘、有害气体和环境，应激可增加本病的易感性。大肠杆菌经常使患有传染性支气管炎，新城疫以及霉形体感染的鸡群死亡增加。

【三】临床症状：大肠杆菌病鸡常表现精神萎顿、羽毛脏乱、腹泻，有时表现结膜炎和轻微呼吸道症状。慢性经过时表现营养缺乏，极度消瘦。

【四】病理变化：主要表现在以下几个方面：

（1）心包炎、肝周炎、腹膜炎：表现心包膜、肝包膜、腹膜混浊增厚，心包积液，严重时腹腔有干酪样渗出物。

（2）脐炎：脐部愈合不完整，肿胀发炎，还可导致卵黄吸收不良和卵黄变性。

（3）输卵管炎：输卵管水肿，有粘性或干酪样渗出物。

（4）肠炎：十二指肠、小肠粘膜充血出血。

（5）肉芽肿：多见于心肌和肠浆膜，出现结节状增生。

（6）急性败血症：急性死亡时肝脏有出血坏死点。

（7）胚胎死亡：孵化过程中的死亡，尤以孵化后期严重。

【五】诊断：根据流行特点，临床症状和病理变化可作出初步诊断，要确诊此病须做病原分离、致病性试验和血清学鉴定。

【六】防治措施

（1）依据药敏试验，选择药物治疗，一般可选用氟哌酸、氯霉素或细菌灵拌料。

（2）用本场分离的菌株制成灭活苗免疫。

（3）控制霉形体感染。

（4）加强通风，改善舍内环境。

（5）用颗粒饲料和无鱼粉饲料喂鸡。

（6）选用封闭饮水系统，减少水质污染。

（7）粪便无害化处理，净化环境，保持环境清洁。

（8）选用生物制剂：可选用赐美健长期添加，通过肠道占位和形成保护膜以避免感染。使用生物制剂最好从1日龄开始长期添加，若阶段使用，用生物制剂前先用抗菌素清理肠道。

(9) 完善各个环节的消毒措施，主要包括种蛋消毒、孵化消毒、带鸡消毒和饮水消毒。

(二) 鸡白痢

【一】病原：鸡白痢沙门氏菌，革兰氏染色阴性。该菌对干燥、日光等自然因素具有一定抵抗力。在外界条件下可存活数周或数月。对化学消毒剂抵抗力不强，一般方法可达消毒目的。本菌可产生耐热毒素，可使人发生食物中毒。

【二】流行特点：各种年龄均易感，小日龄有易感性。病鸡带菌鸡是主要传染源。最常见的传染途径是经卵传播，也可通过消化道、呼吸道和眼结膜而感染。

【三】临床症状：雏鸡感染潜伏期4～5天。表现精神萎顿，羽毛松乱，拥在一起，不愿走动，食欲减退，腹泻，排稀薄灰白色糊状粪便。成年鸡感染无明显临诊症状，母鸡产蛋量与受精率下降，极少数有腹泻现象，有的产蛋停止。

【四】病理变化：雏鸡可见肝脏肿大，充血或出血。卵黄吸收不良，卵黄呈油脂状或干酪样。心肌、肺、肝脏可见坏死灶或结节。肺充血或出血。输尿管扩张有尿酸盐沉积。成鸡表现为卵泡变性变形，有的表现卵巢萎缩，可见心包炎、腹膜炎、腹水等病变。公鸡睾丸萎缩。

【五】诊断：依据流行病学，临床症状和剖检变化，可作出初步诊断，进一步确诊须做病原分离鉴定和血清学检查。

【六】防治措施

（1）敏感药物治疗：可选用氯霉素、土霉素和大蒜素。

（2）种鸡检疫净化：上笼前120日龄检疫一次，留种蛋前再检疫一次，阳性鸡和可疑鸡及时淘汰。

（3）加强种蛋消毒和孵化消毒。

（4）加强育雏期饲养管理与消毒。

（5）选用科学的输精方法，坚持一鸡一管，避免交叉感染，并做好器具的消毒工作。

（三）禽霍乱

【一】病原：病原为多杀性巴氏杆菌，革兰氏阴性。本菌对物理化学因素的抵抗力较弱，自然干燥情况下很快死亡。

【二】流行特点：本病是家禽的一种急性传染病，多通过上呼吸道感染，无明显的季节性，但在闷热潮湿气候或气候发生剧变、密度过大时多发。

【三】临床症状：一般分为最急性型、急性型和慢性型三种。最急性型多为无可见明显症状突然死亡。急性型表现精神沉郁，羽毛松乱，呆立不愿走动，腹泻，体温升高，减食或不食，饮水量增加，呼吸困难，孵化率、育雏率降低，产蛋减少或停止。慢性型鸡冠、肉髯发绀，有的肉髯肿胀，腿或关节发炎。

【四】病理变化：最急性型可能看不到病变。急性型病变表现为腹膜、皮下常见小出血点，心外膜、心冠脂肪出血明显，肺出血、充血。肝脏有肿胀、质脆，表面散在多量灰白色、针尖大小坏死点。肌胃出血显著，十二指肠、小肠出血性炎症，肠内容物血样。慢性病例主要表现为上呼吸道的渗出性炎症，关节炎症，肉髯水肿和坏死。

【五】诊断：依据临诊症状和特征性病变，结合治疗可作出初步诊断，确诊需进行病原分离和鉴定。

【六】防治措施

（1）抗菌素有一定疗效，可选用氯霉素喹乙醇等治疗。

（2）科学的饲养管理，合理的饲养密度，保证通风换气。

（3）搞好环境卫生，定期消毒。

（4）预防接种：用疫苗预防本病，可用中国兽药监察所研制的禽霍乱油乳剂灭活苗，2 个月以上的鸡，颈部皮下注射 1 毫升。

（四）鸡霉形体病

霉形体又称支原体，对禽类有致病力的霉形体有 3 种：鸡毒霉形体、滑膜霉形体和火鸡霉形体。其中鸡毒霉形体对家禽生产危害最大，主要感染鸡、火鸡，也感染其它禽类，引起呼吸道疾病，称为“慢性呼吸道病”。滑膜霉形体能引起鸡、火鸡和其它禽类的滑膜炎和上呼吸道感染。火鸡霉形体只引起火鸡呼吸道疾病。

【一】病原：霉形体是缺少细胞壁的微小原核微生物，需在特殊的人工培养基中才能生长。有致病力的霉形体能凝集鸡红细胞，能在鸡胚卵黄囊内繁殖。霉形体对外界环境抵抗力不强，一般消毒药均能迅速杀灭。对热的抵抗力弱。

【二】流行特点：本病可通过接触传染和经蛋传染，还可以通过交配传染。此病在鸡群中传播时，可以不显症状或只呈现轻微症状，须借助血清学试验才能检查出来。

单独感染霉形体的鸡群，呈隐性经过。如果在感染了新城疫、传染性支气管炎等病原或接种了疫苗，就会诱发本病。不良的饲养管理也可成为该病的诱发因素，本病一年四季均可发生，以寒冷季节多发。

【三】临床症状：鸡毒霉形体病潜伏期4～21天。幼龄鸡患病时流鼻涕、咳嗽，发生窦炎、结膜炎及气囊炎，呼吸道罗音，生长停滞。单纯性感染本病死亡率低，并发感染的死亡率达30%。此病常与大肠杆菌合并感染，出现发热，下痢等症状。

滑膜霉形体病初期出现跛行，喜卧地。病鸡冠苍白，生长停滞，飞节及趾关节肿大，重者冠萎缩，紫红色，精神萎顿，尚有食欲，但消瘦脱水，粪便呈浅绿色。死亡率一般不低于10%。

【四】病理变化：鸡毒霉形体病变主要表现鼻道、气管、支气管及气囊的卡他炎症。气囊壁增厚，气囊内常有粘液性或干酪性渗出物。

滑膜霉形体病鸡早期关节、腱鞘的滑膜内有粘稠灰白色至黄色的渗出物。慢性病例渗出物为干酪样。肝脾肿大，肾肿大、苍白，呈斑驳状。

【五】诊断：根据流行病学、临床症状和病理变化可以做出初步诊断。要确诊鸡群是否感染了霉形体须做病原分离鉴定和血清学试验。

病原的分离鉴定需要一定条件下才能进行。常用对鸡群的监测方法是快速血清平板凝集试验和血凝抑制试验。血清平板凝集试验阳性的鸡应进一步用血凝抑制试验验证。血凝抑制试验特异性高，但敏感性低于血清平板凝集试验。

【六】防治措施

(1) 选用敏感抗生素治疗。鸡毒霉形体对泰乐菌素、北里霉素、支原净、红霉素、四环素、土霉素、强力霉素、螺旋霉素等敏感，有条件的可进行药敏试验。

(2) 注意加强鸡舍环境卫生，减少或消除环境应激的诱因。

(3) 阻断经蛋传播，可采取以下措施：

①在选种蛋前一个月内，对种鸡投敏感药物。

②疫苗接种，1～3 日龄用敏感药物防止鸡群感染，7 日龄用弱毒疫苗免疫。种鸡群产蛋前注射油乳剂灭活苗，可在很大程度上减少经蛋传播。

(4) 建立无霉形体病的种鸡群，这是控制鸡霉形体病最根本措施。

(五) 鸡传染性鼻炎

【一】病原：病原为嗜血杆菌，为革兰氏阴性。本菌在鼻窦的渗出物中容易分离到。本菌抵抗力很弱，在自然环境中数小时即死亡，对热和消毒药物很敏感。

【二】流行特点：本病发生于各种年龄鸡群，老龄鸡感染较重，4 周龄以上鸡群易感。病鸡及隐性带菌鸡是传染源。传播途径主要是飞沫尘埃经呼吸道传染，但也可通过污染的饲料、饮水经消化道传染。鸡群密度过大，通风不良，舍内氨气浓度过高，可促使本病的暴发。

【三】临床症状：鼻腔有粘液性或粘稠分泌物，喷嚏、脸肿胀，眼睑肿胀结膜发炎。食欲及饮水减少，体重下降，雏鸡生长迟缓，成鸡产蛋明显下降，公鸡肉髯常见肿胀。一般情况下，发病率高，病死率低。若饲养管理不善，营养不良或感染其它疾病时，则病程延长，死亡率增加。

【四】病理变化：主要表现鼻腔及鼻窦粘膜充血、肿胀，窦内有多量粘液或渗出物凝块。常见结膜充血、肿胀，严重可见气管粘膜炎症。

【五】诊断：从流行病学、临床症状和病理变化可作出初步诊断，确诊本病必须进行病原分离、培养、鉴定、血清学试验和动物接种试验。

【六】防治措施

(1) 敏感药物治疗：可选用氯霉素拌料或注射庆大霉素。

(2) 免疫接种：在育雏期和上笼前两次使用灭活疫苗免疫可取得良好效果。一般在30～40日龄进行首免，每只鸡注射0.3毫升。18～20周龄第2次免疫，每只鸡注射0.5毫升。疫区鸡群在免疫时，要使用5～7天抗菌素，以防带菌鸡发病。

(3) 隔离、消毒：隔离或淘汰病鸡，并做好疫源地消毒。

(4) 加强饲养管理：密度要适当，保证通风防止潮湿和舍温骤变。

（六）鸡葡萄球菌病

【一】病原：病原为金黄色葡萄球菌，为革兰氏阳性球菌。固体培养基上菌体呈葡萄串状排列。本菌对理化因素抵抗力极强，对多种消毒药有一定抵抗力。

【二】流行特点：各种日龄鸡均可感染。大多数病例中由于皮肤粘膜等屏障受损，病原从伤口侵入，由局部感染引起全身感染，如新生雏鸡脐炎等。另外，剪冠、断趾、注射等都可能为病原侵入打开门户。本病的发病率和死亡率一般都较低。但是设备严重老化，孵化室严重污染和注射器具的污染等造成的感染，死亡率可达10%～30%。

【三】临床症状：早期症状表现为羽毛粗乱，呆滞不爱运动，精神极度沉郁。有的关节肿大，不能站立。雏鸡感染葡萄球菌时，病雏体弱，脐部发炎、红肿，腹部膨大，卵黄不易吸收。引起败血症时，常表现为坏死性皮炎，往往发生急性死亡。

【四】病理变化：脐炎时表现局部炎性反应，剖检时卵黄颜色变深，呈黄绿色或污红色，内容物稀薄或呈豆腐渣样，胸腹部皮下有淡黄色或血样渗出物，呈胶冻状。关节炎时可见受害关节肿大，其中充满脓样渗出物。败血症时，可见腿肌和胸腹部肌肉有出血点，肝脾等脏器有出血和坏死病灶。

【五】诊断：依据剖检病变可初步诊断，确诊须做病原分离和鉴定。

【六】防治措施

(1) 敏感药物治疗：可选用红霉素、庆大霉素和氯霉素等。

(2) 有外伤时可采取局部治疗，可用汞溴红或龙胆紫进行局部创面涂擦。

(3) 加强孵化管理和消毒，做好种蛋消毒、孵化消毒和环境消毒。

(4) 本病多发区或危害严重的鸡场可选用菌苗免疫。

三、寄生虫病

(一) 鸡球虫病

鸡球虫病对雏鸡和育成鸡的危害十分严重，15～50日龄的雏鸡发生率高，死亡率可达80%以上。

【一】病原：病原为艾美耳球虫。

鸡球虫的感染过程是：从粪便排出卵囊，在适合的温度和湿度下，约经1～2天发育成感染性卵囊。这种卵囊被鸡吃了以后，子孢子游离出来，钻入肠上皮细胞内发育，引起发病。

【二】流行特点：球虫的宿主有特异性，各种品种的鸡均有易感性。

球虫的卵囊抵抗力非常强，在土壤中可以保持生活期达4～9个月，卵囊对高温和干燥的抵抗力较弱。病鸡是主要传染源。鸡感染球虫的途径主要是吃了感染性卵囊。发病时间与气温、季节有密切关系，高温高湿季节最易发病。

【三】症状

（1）急性型：多见于雏鸡，发病初期精神沉郁，羽毛松乱，不爱活动。食欲废绝，鸡冠及可视粘膜苍白，逐渐消瘦，排水样稀便、血便。

（2）慢性型：症状类似急性型，但不明显，病程也较长。病鸡逐渐消瘦，产蛋减少，间歇性下痢。

【四】病理变化：死鸡消瘦，粘膜和鸡冠苍白或发青，泄殖腔周围羽毛被粪便污染，往往带有血液。内脏的主要变化在肠管，侵害盲肠时，盲肠显著肿大，是正常的3～5倍，肠内充满凝固的或新鲜的暗红色血液，肠上皮变厚并有糜烂。直肠粘膜可见有出血斑。损害小肠时，肠管扩张，肠壁肥厚，内容物粘稠淡红色，有时混有很少的血块。

【五】诊断：依据流行病学和病理变化可初步诊断。确诊须要检查出虫卵。

【六】预防

（1）鸡舍要保持清洁干燥，通风良好，及时清除粪便及潮湿的垫料。

（2）饲槽、饮水器、用具要经常洗刷和消毒。

（3）饲料中应保持有足够的维生素A和K，以增强抵抗力，降低发病率。

【七】药物预防和治疗

（1）氯苯胍：每吨饲料拌入35克，混匀连喂1～2个月。

（2）速丹：用量为每公斤3毫克浓度混饲。

（3）泰灭净：按0.1%浓度混饲，连用5天。

（二）鸡卡氏白细胞原虫病

鸡住白细胞原虫病是住白细胞原虫引起的急性或慢性血孢子虫病。对雏鸡危害严重，常引起大批死亡。

【一】病原：鸡住白细胞原虫分为3种，我国已发现了2种。卡氏白细胞原虫是毒力最强、危害最严重的一种。住白细胞原虫寄生于鸡的红细胞、白细胞等组织细胞中。

【二】流行特点：本病的发生有明显的季节性，我国北方地区多发生在7～9月份。本病多发于雏鸡，一月龄左右的雏鸡发病严重，死亡率高。蛋鸡感染后，个别发生死亡，鸡只消瘦，产蛋率下降，甚至停产。本病传播媒介是库蠓。

【三】临床症状：病鸡表现精神不振，食欲减退，羽毛松乱，拉黄绿色的粪便或血便，病鸡鸡冠苍白，脚软或轻瘫。急性病例发生咯血，呼吸困难。

【四】病理变化：剖检的显著特征是：口流鲜血，鸡冠苍白，全身性出血，肌肉和某些内脏器官有白色小结节，骨髓变黄。全身性出血包括皮下出血，胸肌和腿肌有出血点，内脏器官出血多见于肺和肾，心、脾、胰及胸腺也见有出血点。

【五】诊断：根据发生季节、症状和病理变化可初步作出诊断，确切诊断须作实验室检查。

【六】防治

（1）防治媒介昆虫：在本病流行季节，可用0.1%除虫菊素喷洒，杀灭库蠓。

（2）药物防治

①磺胺-6-甲氧嘧啶：混饲量为0.1%，连喂4～5天。

②复方泰灭净：用于治疗首次量以0.5%浓度混入饲料，连喂3天，维持量以0.05%浓度混料，连喂14天。用于预防以0.025%浓度混料长期喂用。

四、营养代谢病和中毒性疾病

（一）家禽痛风

【一】病因：大量饲喂动物或植物性蛋白饲料而同时伴有肾机能不全时发生。

【二】症状和病变：病鸡表现食欲不振，精神较差，冠苍白贫血，腹泻，排白色尿酸盐，称内脏型痛风。有的表现运动障碍，跛行，关节肿大，称之为关节痛风。剖检时可见胸腹膜，心包膜，肝、脾、胃等表面和关节内有许多灰白色屑尘样物。肾肿胀，肾和输尿管有尿酸盐沉积，有的坚硬如石。

【三】防治措施：减少蛋白日粮用量，改变饲料配合比例，供给富含维生素A的饲料。对治疗本病没有特效措施，有人认为在饲料中添加维生素B_{12}可防止本病的发生。

（二）维生素A缺乏症

【一】病因：饲料原料缺乏维生素A，饲料中又未添加维生素A，以及慢性肠道疾病和肝脏疾病时易造成维生素A缺乏。

【二】症状及病变：雏鸡主要表现生长缓慢，喙、腿皮肤黄色减退或消失。成鸡呈慢性经过，消瘦贫血，生产能力下降。流泪、角膜混浊，严重时可失明。口腔粘膜有白色小结节。剖检时可见口腔、食道、咽等消化道粘膜有白色小结节，呼吸道粘膜被覆一层鳞状上皮。

【三】防治措施：单纯性维生素A缺乏可在每吨饲料中添加20～50克维生素A，连用1～2周。在实际生产中可定期在饲料中添加维生素A，另外在饲料中添加油脂也可促进维生素A的吸收，避免产生缺乏症。

（三）硒-维生素E缺乏症

【一】病因：维生素E缺乏与饲料中缺硒有关，采用来自缺硒地区的饲料喂鸡是引起硒-维生素E缺乏症的主要原因。

【二】症状及病变：雏鸡明显表现以下三种类型：

（1）脑软化症：表现共济失调，颈部挛缩，两腿痉挛性抽搐，剖检时可见小脑软化。

（2）渗出性素质：表现胸腹部和腿部皮下水肿，且有胶冻样渗出。

（3）白肌病：主要表现为病鸡运动失调。剖检可见胸、腿部肌肉贫血苍白，间有灰白色斑状或条纹状坏死。

成年母鸡主要表现为孵化率降低。

【三】防治措施：预防时可定期在饲料中加入硒-维生素

E 添加剂或投给 2 毫克/升亚硒酸钠饮水和维生素 E 20 克/吨拌料。在饲料中添加 0.5%植物油可起到预防和治疗效果。要注意硒的用量，超量时易造成中毒。

（四）食盐中毒

【一】病因：饲料中食盐含量过高或配制不均匀。

【二】症状及病变：幼禽敏感性很高。主要表现减食或停食，嗉囊扩张，强烈口渴，饮水量明显增大，腹泻，鸣叫。有时呈现神经症状，惊厥。剖检时可见幼龄鸡有明显的消化道充血和出血，皮下组织水肿，心包积液，肺水肿。脑膜血管扩张充血，有出血点。

【三】防治措施：首先要严格控制饲料中食盐的含量，尤其是要防止因鱼粉含盐量过高造成的食盐中毒。发现中毒，立即停喂可疑饲料，增加饮水器，供给清洁饮水或 5%的糖水。

（五）黄曲霉毒素中毒

【一】病因：家禽采食被黄曲霉菌污染的饲料所致。最易感染黄曲霉的原料有玉米、花生、黄豆和棉籽等。

【二】症状及病变：幼禽一般为急性中毒，多发生于 2～6 周龄。表现为食欲不振，贫血，排带血粪便。急性中毒时剖检可见肝脏肿大，色淡甚至苍白，有出血斑点，肾肿大色淡。

【三】诊断及防治措施：根据饲喂发霉饲料原料的历史和临诊症状、剖检变化可初步诊断。本病主要在预防，要防止饲料霉变，严格控制变质原料的购入和使用是预防本病的主要措施。目前尚无有效治疗措施。

第十一章　如何提高饲养种鸡的经济效益

一、种鸡的成本构成

对于种鸡的饲养者，如何提高种鸡的经济效益是一个比较感兴趣的问题。要提高经济效益，首先要了解种鸡的成本构成。

种鸡的成本包括：人员工资、饲料费用、兽药、种畜摊销、设备折旧、水电费及其它直接费用和间接费用。

一般父母代种鸡的饲料费用占总成本的60%左右；人员工资占 5%；种畜摊销占 20%左右；水电费占 4%左右；兽药费占 2%左右；折旧和其它费用占 9%。祖代鸡的种畜摊销和兽药费占的比例高一些，一般为 30%左右。

饲料成本就是购买饲料时的费用，它与鸡群的采食量直接相关。人员工资包括工资和奖金以及其它一切福利费。种畜摊销是所购买的青年鸡价格按一定的比例按月摊销的金额，它与青年鸡的进价直接有关。

了解了种鸡成本的构成后，我们就可以对每个成本进行深入的分析，挖掘其潜力，有效地限制各项成本，把生产成本控制在最低范围内，从而更好地体现经济效益。

二、提高经济效益的主要途径

1. 我们要从成本的大头开始

饲料成本占总成本的 60%，所以抓好饲料的管理是首先要做的工作。

(1) 选择质量好的饲料，确保日粮中蛋白质和能量以及其它营养物质的含量。

(2) 把好进料关。要求进料员要有很好的责任心，每次进料时要将时间、毛重和净重、料号、鸡舍号记录在专用本上，以便查对。

(3) 根据鸡群的饲喂标准给料，遇到特殊情况时，要跟技术领导商议后再行动，以免发生不可追溯的事故。

(4) 装料时不要太满，喂料时不要撒料，一次喂量不要超过料槽的1/3，及时修补坏旧料槽，减少不必要的浪费，保证所购进的饲料都让鸡群吃进去。

(5) 根据鸡群实际，适时进行限制饲喂（只在育成期或产蛋后期）。

(6) 如果是自己配料，在秋收之季要适当屯集原料，充分利用各种饲料原料，从而降低饲料成本。

(7) 选择耗料少的鸡种。

2. 人员工资和水电费的控制

(1) 要根据生产实际安排人员，在确保工作质量的前提下，能兼职的尽量兼职，能合并的工作尽量合并，实行培训上岗，鼓励一人多能，减少人员编制，做到少而精。

(2) 水电是养鸡场不可缺少的能源。鸡舍照明可以选用节能灯，冬季鸡舍可以尝试间歇供水，生活区的电灯、电扇、水管等要做到随手关掉，及时检修损坏的水管和电器。

3. 种畜摊销和兽药

种畜摊销取决于青年鸡的价格，而青年鸡的价格又是由育雏育成期的生产成本决定的。所以只有控制好后备鸡的成本，才能降低种畜摊销的金额。

（1）育雏育成期的生产成本也是由工资、饲料、兽药疫苗费用等决定的，显然在育雏育成期除了要合理编制人员，减少饲料浪费以外，必须要提高育雏育成期的存活率，有计划的免疫和预防投药，防止疾病的发生，减少兽药的开支，这样就能使青年鸡的价格较低，减轻产蛋期的负担。

（2）兽药。作为父母代种鸡一生的免疫用药费大约为 4 元左右，预防投药大约为 1～2 元左右，鸡群的兽药开支一般集中在育雏和育成期。产蛋期鸡群一般比较稳定，每周可进行一次带鸡消毒和环境消毒，以消灭病原菌的传播途径，从而能保证鸡群的健康。兽医工作人员每天要深入鸡舍查看鸡群，发现异常要及时分析处理。在转群和检疫之前，最好投一些维生素或抗应激的药物，以防诱发疾病，用小的投入来预防大的隐患，否则可能投入更大。

饲养者还可以根据自己的实际，想出很多降低生产成本的方法，只要我们用心去做，就能获得很好的经济效益。